»Der Mythos vom egoistischen Gen« ist ein programmatischer Titel. Er richtet sich gegen die Behauptung der Soziobiologie, die gesamte Evolution basiere auf dem Prinzip Eigennutz, dem alle Organismen, auch wir Menschen, ihre Existenz verdankten. Nach ihrer berühmt gewordenen Kernaussage sind alle Organismen nur sterbliche Vehikel für ihre Gene, die in ihrem eigenen Interesse wirken. Diese Anschauung, die zu der verbreiteten Floskel vom »egoistischen Gen« geführt hat, wird von Paul Morsbach nicht nur in Frage gestellt, sondern als unwissenschaftlicher und unbeweisbarer Mythos entlarvt.

Das Buch vermittelt durch Rückblick auf die Geschichte der Evolution und durch viele Beispiele ein neues Verständnis für das Sozialverhalten von Tier und Mensch. Es ist anschaulich und allgemein verständlich geschrieben.

Ein Lichtblick für alle, die beim Schlagwort vom »egoistischen Gen« als Motor des Seins ein begründetes Missbehagen befällt.

Paul Morsbach, Jahrgang 1929, verbrachte seine Kindheit und Jugend in München. Nach dem Studium der Physik an der Technischen Universität München war er mehrere Jahre Patentanwalt in Zürich, nach 1965 arbeitete er als selbstständiger Ingenieur für Fördertechnik im In- und Ausland. Parallel zu seiner Berufstätigkeit hat er sich mit Biologie und besonders mit vergleichender Verhaltensforschung beschäftigt, die seit Abschluss seiner Berufstätigkeit 1998 im Mittelpunkt seines Interesses stehen. Paul Morsbach lebt in Berg am Starnberger See.

2001 veröffentlichte er sein erstes Buch unter dem Titel »Die Entstehung der Gesellschaft – Naturgeschichte des menschlichen Sozialverhaltens«, erschienen ebenfalls im Allitera Verlag.

Paul Morsbach

Der Mythos vom egoistischen Gen

Analyse einer Irrlehre

Weitere Informationen über den Verlag und sein Programm unter:
www.allitera.de

Bibliographische Information der Deutschen Bibliothek

Die Deutsche Bibliothek verzeichnet diese Publikation in der Deutschen Nationalbibliographie; detaillierte bibliographische Daten sind im Internet über <http://dnb.ddb.de> abrufbar.

Oktober 2005
Allitera Verlag
Ein Books on Demand-Verlag der Buch&media GmbH, München
© 2005 Buch&media GmbH (Allitera Verlag)
Umschlaggestaltung: Kay Fretwurst, Freienbrink
Zeichnungen: Friedrich Wall, Freienbrink
Herstellung: Books on Demand GmbH, Norderstedt
Printed in Germany · ISBN 3-86520-146-6

Inhalt

Vorwort 9

Kapitel 1: Können Gene egoistisch sein? 15

Kapitel 2: Charles Darwin, die Evolution und der Kampf ums Dasein 20

Kapitel 3: Charles Darwin, das Vermehrungsstreben der organischen Wesen und das Prinzip der Evolution 24

Kapitel 4: Die Erkenntnistheorie in der Biologie – wahre Theorien und falsche Hypothesen: Die Evolutionstheorie und die Hypothese vom intelligenten Plan 28

Kapitel 5: Eine wichtige Hypothese der Soziobiologie: Das individuelle Vermehrungsstreben 36

Kapitel 6: Geschichtlicher Rückblick und die Frage: Was bestimmt die Dichte der Individuen einer Art in einem Habitat? 40

Kapitel 7: Das Unbehagen über die Gruppenselektion von Wynne-Edwards und das biologische Schema Egoismus/Altruismus 44

Kapitel 8: Die Grundüberlegung der Soziobiologie und das egoistische Gen 47

Kapitel 9: Können Tiere ihre Verwandten erkennen? 52

Kapitel 10: Altruismus gegen Nicht-Verwandte ist weit verbreitet: Die Verwandtenselektion ist also kein biologisch wirksames Prinzip 55

Kapitel 11: Gruppeninterner Parasitismus 62

Kapitel 12: Steht das Interesse der Art in Konkurrenz zu dem Interesse der Individuen? 65

Kapitel 13: Überlegungen zur Genetik – Welche Informationen werden vererbt? 69

Kapitel 14: Wie die Selektion vor sich geht – Ein Beispiel für natürliche Selektion 73

Kapitel 15: Die problemlose Entstehung stabiler Gruppen .. 78

Kapitel 16: Genetische Überlegung zur Entstehung von
Altruismus 83
Kapitel 17: Über die Entstehung von Arten 89
Kapitel 18: Sekundäre Merkmale – Ein Blick in die Vergangenheit und eine biologische Erklärung für den Infantizid 94
Kapitel 19: Passt die Verwandtenselektion zur biologischen
Systematik?.................................... 102
Kapitel 20: Historische Epochen der Evolution 105
Kapitel 21: Wie kommen Tiere zu ihren Entscheidungen? .. 107
Kapitel 22: Beispiele aus der soziobiologischen Literatur – Konflikte zwischen Eltern und Konflikte
zwischen der Königin und ihren Ameisen 112
Kapitel 23: Analyse und Bewertung soziobiologischer
Literatur 118
Kapitel 24: Über die soziobiologische Betrachtung des
menschlichen Verhaltens 123
Kapitel 25: Gewissen und menschliche Gesellschaft –
Wo Egoismus und Altruismus wirklich herkommen 129
Kapitel 26: Die Bestrafung von Abweichlern 133
Kapitel 27: Die Homosexualität und das menschliche
Gruppenverhalten 138
Kapitel 28: Die Gruppen als Bausteine der menschlichen
Gesellschaft 141
Kapitel 29: Zusammenfassung:
Soziobiologische Thesen und Erwiderungen 145

Glossar 149
Literatur 153
Index 156

Für Paula

Vorwort

»Das egoistische Gen« ist der Titel eines der erfolgreichsten populärwissenschaftlichen Bücher über Biologie und Evolution. Der Verfasser ist Richard Dawkins, Professor für Zoologie in Oxford. Das 1976 veröffentlichte Buch stieß bei biologisch interessierten Lesern auf große Resonanz und erfreut sich nach wie vor guter Verkaufszahlen.

Das so genannte egoistische Gen wurde zum Aushängeschild der »Soziobiologie«, einer Richtung der Evolutionsbiologie, die sich mit dem sozialen Verhalten von Tier und Mensch beschäftigt. Die Überlegungen der Soziobiologie gipfeln in der Erkenntnis, dass aus evolutionärer Sicht Egoismus die Triebfeder des Sozialverhaltens von Tier und Mensch ist. Richard Dawkins hat diese Vorstellung einem größeren Leserkreis näher gebracht.

Das vorliegende Buch ist eine kritische Auseinandersetzung mit Richard Dawkins und der Soziobiologie. Es soll die These widerlegen, alle sozial lebenden Individuen, auch wir Menschen, seien vom biologischen Konzept her Egoisten.

Die Grundthese des Buches »Das egoistische Gen« finden wir auf dem Umschlag:

> Unsere von Generation zu Generation weitergegebenen Gene formen uns nicht nur, sie steuern und dirigieren uns, um sich selbst zu erhalten. Alle biologischen Organismen dienen somit vor allem dem Überleben und der Unsterblichkeit der Erbanlagen und sind letztlich nur die »Einwegbehälter« der »egoistischen« Gene.

Diese These stellt die Welt auf den Kopf. Nicht die Organismen, also Pflanzen und Tiere, seien Dreh- und Angelpunkt des Lebens, sondern die Gene, die kleinen Informationsträger, die sich in den Kernen der Zellen aller biologischen Organismen befinden. Die von uns wahrgenommene Natur, alle Pflanzen und Tiere, seien nur Produkt des Existenzwillens dieser kleinen Informationsträger, die ihr eigensüchtiges Spielchen mit allen Lebewesen der Natur trieben. Ich wundere mich, dass sich diese Phantasmagorie durchsetzen konnte.[1]

Wir Bürger haben eine hohe Meinung von den Naturwissenschaften. Allerdings können wir deren Ergebnisse oft nicht verstehen. Wenn uns die Wissenschaftler etwas mitteilen, mit eingängigen Beispielen und guten Formulierungen, dann sind wir gutgläubig und nehmen zunächst einmal an, es werde schon stimmen, selbst wenn es dem Augenschein widerspricht. Wenn eine wissenschaftliche These aber zu abstrus ist, dann lohnt es sich in der Regel, etwas tiefer zu schürfen. Darum geht es mir in diesem Buch.

Ich werde nachweisen, dass die These der Soziobiologie und des Professors aus Oxford ein Mythos jenseits aller biologischen Wirklichkeit ist. Zwei Gründe haben mich dazu bewogen: Zunächst erfordert es die Ästhetik, einer Irrlehre entgegenzutreten. Es ist bedrückend, wenn gutgläubige Bürger von statuarisch hoch geschätzten Professoren an der Nase herumgeführt werden; dies gilt auch dann, wenn die geschätzten Professoren selbst glauben, was sie von sich geben. Eine durch Gewohnheit fixierte Irrlehre wird zudem weiter entwickelt und führt zu noch abstruseren Thesen. Einige solche Thesen werden in diesem Buch wiedergegeben.

Gewichtiger erscheint mir der zweite Grund. Die Meinungen der Soziobiologie sickern allmählich ins allgemeine Bewusstsein ein. Daher ist die Soziobiologie heute nicht mehr nur ein naturwissenschaftliches Problem – sie ist ein kulturelles Problem. Den Genen, dem Bauplan von allen Arten der Biosphäre, wird skrupelloser Egoismus unterstellt. Richard Dawkins schreibt in der Einleitung zu seinem Buch:

> Die These dieses Buches ist, dass wir und alle anderen Tiere Maschinen sind, die durch Gene geschaffen wurden. Wie erfolgreiche Chicagoer Gangster haben unsere Gene in einer Welt intensiven Existenzkampfes überlebt [...] Aufgrund dessen können wir ihnen bestimmte Eigenschaften unterstellen. Ich würde argumentieren, dass eine vorherrschende

Eigenschaft, die wir bei einem erfolgreichen Gen erwarten müssen, ein skrupelloser Egoismus ist.[2]

Dieser Satz gilt für Pflanze, Tier und Mensch. Wenn uns Menschen unsere egoistischen Gene steuern und dirigieren, dann kann man daraus nur schließen, dass sie uns, ob wir dies nun wollen oder nicht wollen, zu egoistischem Verhalten anstiften.

Es ist legitim zu untersuchen, wie weit menschliche Verhaltenstendenzen auf biologische Ursprünge zurückgehen. Wenn solche Untersuchungen aber zu Erkenntnissen führen, die unserer erlebten sozialen Wirklichkeit zuwider laufen, dann ist Vorsicht angesagt.

Man kann den Soziobiologen und Richard Dawkins nicht vorwerfen, sie leiteten aus ihren Erkenntnissen die Empfehlung ab, sich egoistisch zu verhalten. Es gäbe kulturell entstandene soziale Grundsätze, so argumentieren Soziobiologen, und ihnen sei Vorrang einzuräumen. Trotzdem ist die Auffassung beklagenswert, bei der Entstehung von uns Menschen hätte der Egoismus Pate gestanden. Die Bereitschaft egoistischen Tendenzen nachzugeben kann durch das Bewusstsein unterstützt werden, man würde hierbei nur einem biologischen Grundgesetz folgen.

Noch einen Schritt weiter geht Kurt Kotrschal in seinem Buch »Im Egoismus vereint«. Er rechnet mit dem Altruismus ab, dem er allenfalls einen ideellen Restwert einräumt:

> Grundlage [...] ist der für alle Individuen geltende Zwang zum ökonomischen Umgang mit Ressourcen, welcher dem biologischen Imperativ entspringt, die eigene Fortpflanzung zu optimieren. Damit löst zunächst in der Einschätzung auch des menschlichen Wesens das Prinzip Eigennutz den ohnehin Ideal gebliebenen Altruismus, also das Streben nach Gemeinwohl, ab.[3]

Diese These ist nicht nur falsch, sondern auch gefährlich. Wir sollten unseren Kindern so etwas nicht anbieten. Es geht um unsere Wahrnehmung der Natur, wie sie unseren Kindern in den Schulen beigebracht wird und die ihr Bild von der Welt prägt.

Ich möchte darlegen, wie es zur Soziobiologie kommen konnte und wo deren Fehleinschätzungen liegen. Die Soziobiologie beruft sich auf den Schöpfer der Evolutionslehre, Charles Darwin. (Ich kenne keinen Biologen, der sich nicht auf Charles Darwin beruft.) Es ist daher nötig, beginnend mit Charles Darwin, dem Gedanken der Soziobiologie bis zu deren umstrittenen Erkenntnissen und Konsequenzen zu folgen.

Es gibt Literatur, die sich von einem philosophischen Standpunkt aus mit der Soziobiologie beschäftigt; vornehmlich mit deren Anwendung auf uns Menschen.[4] Diese Literatur, die ein erhebliches Missbehagen an der Soziobiologie zum Ausdruck bringt, habe ich in diesem Buch nicht behandelt. Ich beschränke mich ausdrücklich auf die naturwissenschaftlichen Aspekte der Soziobiologie.

In Kapitel 1 geht es um die einfache Frage, was Gene sind und ob sie ein Eigenleben haben. Können sie »egoistisch« sein?

Kapitel 2 und 3 sind einer Rückbesinnung auf Charles Darwin gewidmet. Wie funktioniert die Evolution, die Natur?

Kapitel 4 beschäftigt sich mit der Wissenschaft als solcher. Wie genau wissen wir, dass sich die Evolution so abgespielt hat, wie wir dies seit Charles Darwin annehmen? Wie genau wissen wir überhaupt das, was wir wissen? Was ist »Wahrheit« in der Naturwissenschaft? Welche Bedingungen müssen wahre Theorien erfüllen? Als Beispiel für eine dieser Überlegungen dient die Hypothese vom »intelligenten Plan«.

In den Kapiteln 5 bis 12 geht es um die Grundsätze der Soziobiologie, um das soziale Leben von Tieren und darum, welche biologischen Grundsätze dabei eine Rolle spielen.

Ein spezielles Problem behandeln die Kapitel 13 bis 21. Bei einigen Tierarten töten die Väter (ganz selten auch die Mütter) nicht von ihnen gezeugte Kinder, angeblich um schneller zu selbst gezeugtem Nachwuchs zu kommen. Die Soziobiologie behauptet, dies sei eine Folge des »individuellen Vermehrungsstrebens«, eine ihrer Grundannahmen. Warum dies nicht stimmt, ist in diesen Kapiteln erklärt.

In den Kapiteln 22 und 23 wird die soziobiologische Literatur analysiert. Erfüllt die Soziobiologie die Kriterien einer Naturwissenschaft?

Die Kapitel 24 bis 28 schließlich handeln vom Sozialverhalten des Menschen. Kapitel 24 beleuchtet zunächst einen bestimmten Aspekt menschlichen Verhaltens unter soziobiologischer Sicht: Gibt es einen Interessenkonflikt zwischen zeugenden Eltern?

Die Kapitel 25 bis 28 beschäftigen sich mit dem menschlichen Verhalten, wie es sich ohne Soziobiologie darstellt; es entsteht ein Bild, das unserer gesellschaftlichen Wirklichkeit entspricht und den Blick auf Zusammenhänge freilegt, die der Soziobiologie verborgen sind.

Eine besondere Pointe enthält Kapitel 26: Experimentelle Untersuchungen an Menschen haben ein gruppendienliches Verhalten nachgewiesen, das es nach den Vorstellungen der Soziobiologie nicht geben dürfte. Ähnliches gilt für das Phänomen der Homosexualität und ihre evolutionären Ursprünge, welchen Kapitel 27 gewidmet ist.

Eine Zusammenfassung der Argumentationen dieses Buches in Form von soziobiologischen Thesen und den Erwiderungen darauf biete ich im letzten Kapitel an – eine höfliche Geste an alle, die nicht das ganze Buch lesen, aber doch das Ergebnis erfahren wollen.

Anmerkungen

(1) Die Soziobiologie wurde nicht einhellig akzeptiert. Josef H. Reichholf schrieb in seinem Buch *Der schöpferische Impuls*: »Die Vor-

stellung von der Allgewalt der Gene prägt zu sehr die moderne Ergänzung der in ihren Grundzügen unbestrittenen Darwinschen Evolutionstheorie.« (S. 12) Der Verfasser hat sich auch weiter kritisch mit den Vorstellungen von Dawkins und dem »egoistischen Gen« auseinander gesetzt.
Es ist bekannt, dass Konrad Lorenz die Soziobiologie nicht akzeptiert hat; hiervon wird in den Kapiteln 8, 9, 12 und 13 berichtet.

(2) Dawkin, 1996, S. 25.

(3) Kotrschal, 1995, S. 13 f.

(4) Ansätze zu einer philosophischen Auseinandersetzung mit der Soziobiologie finden sich in folgenden Aufsätzen und Werken: Bethel, Byron, Dupré, 2005; Hemminger, 1994; Stent, 2003.

Kapitel 1
Können Gene egoistisch sein?

Der wesentlichste Bestandteil aller biologischen Organismen sind die Zellen. Sie verleihen den Organismen die Struktur und erfüllen spezielle Aufgaben als Muskelzellen, Nervenzellen, Leberzellen usw. Alle Zellen bestehen aus einer Hülle, dem Zellplasma und dem Zellkern. Im Zellkern befinden sich die Chromosomen, die ihrerseits die Gene tragen. Die Gene enthalten die gesamte Erbinformation, das heißt den Bauplan, der zur Herstellung des Organismus und seiner Funktionen notwendig ist. Die Erbinformationen sind zunächst einmal spezifisch für eine Art von Organismen. Darüber hinaus enthalten sie individuelle Informationen, die spezifisch für jedes Individuum sind und es kennzeichnen, so wie der Abdruck eines Fingers einen Menschen kennzeichnet.

Die Zellen teilen sich. Die Zellteilung ist der biologische Prozess, der das Wachstum und die Fortpflanzung aller Lebewesen gewährleistet. Bei der Zellteilung entstehen zwei neue Zellen aus einer alten. Im Normalfall ist nach der Teilung das in den Genen gespeicherte Erbgut der Tochterzellen identisch mit dem der Elternzelle.

Im Zellkern gibt es alle Chromosomen mit den Genen doppelt. Hiervon gibt es eine Ausnahme: In den Keimzellen, die die Organismen zur Fortpflanzung erzeugen, ist nur ein Satz von Chromosomen enthalten. Bei der Befruchtung des weiblichen Eis durch den männlichen Samen verbinden sich also zwei einfache Chromosomensätze zu einer neuen Zelle mit dem üblichen doppelten Chromosomensatz. Dieser neue Chromosomensatz ist nun wieder spezifisch für die Art, aber auch spezifisch für den neuen, einzelnen Organismus, dessen Bauplan soeben durch die Verschmelzung der weiblichen und der männlichen Keimzelle entstanden ist.

Solange ein Organismus lebt, wird der Bauplan unverändert von Zelle zu Zelle weitergegeben. Wenn aus dem Organismus ein neuer Organismus hervorgeht, wird die Erbinformation an den neuen Organismus weitergegeben, der dann dort die Hälfte des Bauplans des neuen Organismus bildet. Wenn der alte Organismus stirbt, geht sein spezifischer Bauplan für immer verloren.

Die Gene sind Informationsträger. Wir können sie uns als ein Heft vorstellen, auf dessen Seiten die Informationen abgedruckt sind, oder als Festplatte eines Computers, auf der diese Informationen gespeichert sind. Genau genommen sind die Gene so lebendig wie ein Buch mit Kochrezepten oder ein Satz von Zeichnungen, nach denen man eine Lokomotive bauen und betreiben kann. In einem befruchteten Ei und in entsprechender Umwelt entfalten die Gene ihre Potenz; sie erwachen zum Leben und bilden ein neues Individuum mit unverwechselbaren Eigenschaften. Das Kochrezept ist sozusagen in die Hände eines Kochs geraten, der danach eine Speise zubereitet. Die unverwechselbaren Eigenschaften des neuen Individuums haben sich durch die Kombination der väterlichen und mütterlichen Gene ergeben; sie sind das Produkt eines zufälligen Geschehens.

Ist es möglich, dass diese Gene egoistisch sind? Was ist Egoismus? Ziehen wir ein Konversationslexikon zu Rate:

> Egoismus ist die Kennzeichnung einer Haltung, in der die Verfolgung eigener Zwecke vor anderen (gemeinsamen) Zwecken als das zentrale handlungsbestimmende Motiv gesehen wird.[1]

Üblicherweise wird Egoismus auf Menschen bezogen. Egoismus setzt voraus, dass ein Individuum zwischen verschiedenen Optionen wählen kann. Das Individuum muss beurteilen, zu welchen Konsequenzen die Optionen führen. Wählt es dann eine es begünstigende Option, handelt es egoistisch.

Gene sind keine Computer, keine Einrichtungen, die aus eingegebenen Informationen selbstständig Ergebnisse erarbeiten können. Gene haben keinen Freiheitsgrad. Sie können nicht wählen. Nur eine Kette von Missinterpretationen der Natur konnte zu dem absurden Gedanken führen, Gene seien egoistisch.

In der bereits im Vorwort zitierten These von Richard Dawkins steht der Satz:

Alle biologischen Organismen dienen somit vor allem dem Überleben und der Unsterblichkeit der Erbanlagen und sind letztlich nur die »Einwegbehälter« der »egoistischen« Gene.

Dieser Gedanke ist eine zentrale Aussage der Soziobiologie. Die Organismen sind sterblich. Zwei Individuen zeugen viele neue Organismen der gleichen Art und sterben. Die neuen Organismen fahren fort und erzeugen ihrerseits Nachwuchs und sterben. Es ist ein unendlicher Ablauf. Von den individuellen Ausgestaltungen der Organismen und langfristigen evolutionären Entwicklungen einmal abgesehen wird der artspezifische Bauplan von Generation zu Generation weitergereicht.

Als neugierige und unvoreingenommene Beobachter sehen wir diesen unendlichen Ablauf und schließen, dass die Gene und die Organismen sich gegenseitig bedingen. Ohne die Gene gibt es keine Tiere und Pflanzen und ohne Tiere und Pflanzen keine Gene. Die Gene in dem befruchteten Ei sind nicht mehr und nicht weniger als eine Zwischenstufe bei der Erzeugung eines neuen Organismus durch die elterlichen Organismen.

Bei der Art »Huhn« ist das »Ei« eine wichtige Zwischenstufe. Aus den bebrüteten Eiern schlüpfen die Hühner der nächsten Generation. Huhn und Ei gehören zu dem Gesamtbild der Art »Huhn«.

Was ist wichtiger, Huhn oder Ei? Legt ein Huhn ein Ei, um ein anderes Huhn zu erzeugen, oder ist ein Huhn eine ganz besonders raffinierte Einrichtung eines Eis, um ein anderes Ei zu erzeugen? Die Frage ist sinnlos. Ohne Ei kein Huhn und ohne Huhn kein Ei.

Ganz allgemein kann man sagen, dass zwei Funktionen, die nur gemeinsam ein Ergebnis zustandebringen, gleich wichtig sind. Also ist die Aussage, die Organismen *dienten* dem Überleben der unsterblichen Gene, nur eine poetische Stimmung.

Um die im Titel des Kapitels gestellte Frage zu beantworten: *Gene können nicht egoistisch sein*. Sie können auch das Individuum, in

dessen Zellen sie den Bauplan gespeichert halten, nicht »steuern und dirigieren, um sich selbst zu erhalten«. Das ist Phantasie, ein Mythos. Nachdem sie dies nicht können, ist auch die Frage unsinnig, zu wessen Wohl sie es denn täten, wenn sie es könnten.

Anmerkungen

Weitere Autoren folgen der Behauptung, Gene seien egoistisch. Hierzu einige Zitate aus der Literatur:
»Insofern die Organismen notwendig sind für den Fortbestand und die Vermehrung der in ihnen enthaltenen Gene, muss man erwarten, dass die Gene, die den Organismus in ihrem eigenen Interesse aufgebaut haben, ihn auch im eigenen Interesse betreiben, also sein Verhalten so steuern, dass vordringlich ihre eigene Vervielfältigung gesichert wird.« (Wickler/Seibt, 1991, S. 49)
»Individuelle Organismen sind dagegen nur ein zeitweiliger Ausdruck einer Koalition von Genen, die einem Organismus als ›Vehikel‹ zur Durchsetzung ihrer Interessen gegen die Umwelt und andere in Individuen zusammengefasste Genkoalitionen gestalten.« (Weber, 2003, S. 6)
»Der entscheidende Impuls für die Formulierung der Soziobiologie entstammte der Einsicht, dass – obwohl die natürliche Selektion an der Variabilität der Merkmalsträger (›Phänotypen‹) ansetzt – die Ebene biologischer Anpassungsvorgänge die der Gene ist und nicht etwa die der Individuen oder gar der Populationen oder Arten.
Beim Studium der Evolution und gerade auch beim Studium biologischer Verhaltensanpassungen ist deshalb deutlich zu unterscheiden zwischen den Replikatoren (den ›Genen‹), in denen die stammesgeschichtlich erworbene Information gespeichert ist und deren potenzielle Unsterblichkeit die Kontinuität des Lebens begründet, einerseits und den vergänglichen Individuen, die als kurzlebiges Vehikel den evolutiv einzigen Zweck verfolgen, ein optimales Medium für Genreplikation zu liefern. [...] Damit stellt sich die Evolution als genzentriertes Prinzip dar.« (Voland, 2002, S. 4; Hervorhebungen E. Voland)
(1) *Meyers großes Taschenlexikon*, Mannheim/Wien/Zürich, 1987.

Kapitel 2
Charles Darwin, die Evolution und der Kampf ums Dasein

Jede Beschäftigung mit der Evolution muss bei Charles Darwin (1809–1882) beginnen.
Seine Erkenntnisse sind Grundlagen unseres heutigen Wissens über die Natur. Charles Darwin hat erkannt, wie die Arten entstanden sind, aus denen das Leben auf der Erde besteht, und wie sie sich weiter wandeln. Er hat damit eine Tür zum Verständnis der Natur und des Lebens überhaupt aufgestoßen.
Sein Hauptwerk »Die Entstehung der Arten durch natürliche Zuchtwahl oder die Erhaltung der bevorzugten Rassen im Kampf ums Dasein« ist 1859 erschienen, 25 Jahre nach seiner Forschungsreise in und um den südamerikanischen Kontinent von 1832 bis 1834, auf der er die entscheidenden Entdeckungen für seine Theorie machen konnte. Aus der großen Zeitspanne zwischen seiner Reise und der Veröffentlichung des Buches können wir ersehen, welche Mühe es ihn gekostet hat, die neuen Erkenntnisse zu überprüfen und so darzustellen, dass sie von seinen Zeitgenossen verstanden werden konnten. Zu bedenken ist, dass zu seiner Zeit die biblische Schöpfungsgeschichte die übliche Vorstellung über die Entstehung der Welt und aller ihrer Geschöpfe war.

Die Grundzüge der Evolution von Charles Darwin sind gut zu verstehen. Alle Tiere und Pflanzen sind keine genauen Kopien ihrer Eltern. Sie zeigen kleine Abweichungen. Diese Abweichungen sind meist belanglos, manchmal schädlich. Aber gelegentlich gibt es Merkmale, die zu Nachkommen führen, welche mit der Umwelt besser zurechtkommen, die an die Umwelt etwas besser angepasst sind als andere Individuen der gleichen Generation. Und diese besser angepassten, also vitaleren Tiere leben länger und können schon aus diesem Grund mehr Nachkommen erzeugen als ihre weniger gut ausgerüsteten Brüder und Schwestern. Ihre kleinen Variationen – es sind dies neue Merkmale – vererben sie an ihre Nachkommen, die dann gleichfalls etwas erfolgreicher sind als ihre Vettern und Kusinen.

In einem abgeschlossenen Lebensraum, einem so genannten Habitat, kann nur eine begrenzte Zahl von Individuen einer Art Platz und Nahrung finden. Wenn zu viele Individuen erzeugt werden, müssen einige verhungern, andere werden gerade noch satt, sind aber nicht vital genug, um Nachkommen hervorzubringen. Auch die erfolgreichen, hervorgehobenen Exemplare, also die mit den neuen Merkmalen, können den Lebensraum nicht vergrößern. Unausweichlich findet ein Verdrängungswettbewerb statt. Die erfolgreichere Spielart mit den neuen Merkmalen wird wegen ihrer verbesserten Anpassung und dadurch erhöhten Fruchtbarkeit nach und nach das ganze Habitat erobert haben. Die alte, unveränderte Form verschwindet irgendwann. Dies ist ein einfaches Beispiel dafür, wie eine neue Art entstehen kann.

Darwin hat ein paar sehr griffige Formulierungen geschaffen, um seinen skeptischen Zeitgenossen die neuen Ideen näher zu bringen. In der Biosphäre gäbe es einen steten Kampf, wie den zwischen Beute und Beutegreifern, also zwischen Schaf und Wolf. Daneben seien auch die Individuen der gleichen Art Konkurrenten, denn sie bemühten sich beide um den Platz und die Nahrung zum Leben, die normalerweise nicht für alle Individuen ausreichen. Charles Darwin hat etwas plakativ postuliert: Es herrscht in der Natur ein »Kampf ums Dasein«.

Vor Darwin hat der damals hochberühmte Nationalökonom Thomas Robert Malthus (1766–1834) Betrachtungen über die voraussichtliche Entwicklung der Menschheit angestellt und die These vertreten, die Menschheit wachse schneller als die Produktion von Lebensmitteln. Zu erwarten sei also ein Kampf um Nahrungsmittel, ein »Kampf ums Dasein«. Charles Darwin hat diesen Begriff aufgegriffen; das, was sich in der Natur abspiele, sei auch ein solcher Kampf ums Dasein. Diese Formulierung hat er in den Titel seines Hauptwerkes aufgenommen: »Die Entstehung der Arten durch natürliche Zuchtwahl oder die Erhaltung der bevorzugten Rassen im Kampf ums Dasein«. Heute wird für den Titel meistens nur die Kurzform »Die Entstehung der Arten« verwendet.

Er scheint es mit dem Kampf aber doch nicht so schrecklich bissig gemeint zu haben. So führt er aus:

> Es sei vorausgeschickt, dass ich die Bezeichnung »Kampf ums Dasein« in einem weiten metaphorischen Sinne gebrauche, der die Abhängigkeit der Wesen voneinander und die Fähigkeit Nachkommen zu erzeugen einschließt. (Was noch wichtiger ist.) Mit Recht kann man sagen, dass zwei hundeartige Raubtiere in Zeiten des Mangels um Nahrung miteinander kämpfen; aber man kann auch sagen, eine Pflanze kämpfe am Rande der Wüste mit der Dürre ums Dasein, obwohl wesentlich genauer gesagt werden könnte, sie sei von Feuchtigkeit abhängig.

Es folgen weitere Beispiele und er schließt den Abschnitt mit den Worten:

> In diesen verschiedenen Bedeutungen, die ineinander übergehen, gebrauche ich der Bequemlichkeit halber die allgemeine Bezeichnung »Kampf ums Dasein«.

Darwin hat außerdem den Begriff der »Varietäten« geschaffen. Dies sind Formen von Individuen, die noch keine Arten sind, sondern Vorformen, die sich in Details voneinander unterscheiden. Nach dem Verständnis Darwins besteht Kampf zwischen verschiedenen Arten, was an der natürlichen Gegnerschaft zwischen Raubtier und Opfer oder zwischen einem Tier und einem Parasiten erkennbar ist. Ausdrücklich betont er aber, dass der Kampf ums Dasein am heftigsten zwischen Individuen und Angehörigen von Varietäten der gleichen Art sei. Das Kapitel über den »Kampf ums Dasein« schließt mit Worten, die den Kampf wieder ein wenig relativieren:

> Wenn wir über den Kampf nachdenken, können wir uns mit der Gewissheit trösten, dass der Krieg der Natur nicht ununterbrochen stattfindet, dass keine Angst empfunden wird, der Tod schnell eintritt und dass der Kräftige, Gesunde und Glückliche überlebt und sich fortpflanzt.

Wie nehmen wir die Natur wahr? Wir denken an einen stillen Waldsee, an eine Bergwiese mit Kühen, wir sehen große Herden von Zebras durch eine Furt im Massai-Mara-Fluss gemütlich nach Süden ziehen, selbst wenn im Wasser ein paar Krokodile lauern. Gedanklich folgen wir den nach Norden fliegenden Gänsen auf ihrem Weg zu den Brutplätzen. Wir erfreuen uns an einem Korb junger Hunde, an kleinen Füchsen, die vor ihrem Bau herumtollen und auf die Rückkehr der Fähe warten. Vielleicht erinnern wir uns an das Gedicht »Wanderers Nachtlied« von J. W. Goethe, dessen Zeilen im Gedächtnis haften.

Auch Biologen können den Gegenstand ihrer Forschungen als friedlich wahrnehmen. Es gibt viele Kooperationen in der Natur, bei der zwei Arten ihre Interessen so aufeinander abstimmen, dass beide Begünstigte sind. Viele Pflanzen erzeugen Nektar, von dem Insekten leben, die dafür die Pollen von einer Blüte zur nächsten tragen. Weidetiere fressen Gräser und verbreiten die Samen. Bei einer Reihe von Arten kooperieren die Individuen bei der Aufzucht der Nachkommenschaft, wovon noch die Rede sein wird.

Es müssen Zweifel aufkommen, ob es dem Verständnis der Natur gerecht wird, einen kriegerischen Ausschnitt in plakativer Größe als beherrschenden Aspekt des Ganzen wahrzunehmen. In dem Buch »Das egoistische Gen« können wir lesen, dass die Worte »Natur, Klauen und Zähne blutigrot« unser modernes Verständnis der natürlichen Auslese vortrefflich wiedergeben würden. Dabei sind Friede, Ruhe, Gelassenheit und Hilfsbereitschaft ebenso Wirklichkeit in der Natur und in der menschlichen Umwelt wie der Kampf ums Dasein.

Halten wir fest: Der Kampf ist nur ein Teilaspekt der Natur.

Kapitel 3
Charles Darwin, das Vermehrungsstreben der organischen Wesen und das Prinzip der Evolution

Ein weiteres Schlagwort aus der »Entstehung der Arten« ist unverrückbar Teil unseres Verständnisses der Natur geworden: *Das Überleben des Tüchtigsten*. Es stammt nicht von Charles Darwin selbst und war in der ersten Auflage des Hauptwerkes nicht enthalten. Es stammt von Herbert Spencer (1820–1903), einem begeisterten Parteigänger Darwins. Er war wohl der Meinung, Übertreibung verbessere die Anschaulichkeit. Jenes *survival of the fittest* hat möglicherweise das Wort »fit« in die deutsche Sprache geholt. Es ist eine Floskel, die lediglich einen Aspekt der Natur wiedergibt – und diesen vergröbert und verzerrt.[1]

Die Übersetzung des Ausdrucks *the fittest* ins Deutsche mit »der Tüchtigste« – nach der klassischen Übersetzung von Carl W. Neumann – ist unglücklich, aber heute nicht mehr korrigierbar. Als Alternative hätte sich »der Geeignetste« angeboten. Nach heutiger Sprachregelung würde man sagen, dass der am besten an die Umwelt *angepasste* Organismus überlebt. So nennt man heute die Entwicklung und Wandlung bei der Entstehung von Arten »Anpassung« mit dem Ziel der »Angepasstheit«. (Die Biologie scheint zu unglücklichen Wortschöpfungen zu neigen.)

Nach der grundsätzlichen Erkenntnis von Darwin entstehen neue Arten durch zufällig entstandene neue Merkmale, die einem Individuum eine verbesserte Vitalität verleihen, es also besser an die Umwelt anpassen. In einem Habitat leben Tiere mit und ohne ein neues Merkmal, wie zum Beispiel ein dickeres Fell oder Resistenz gegen eine Krankheit. Die mit dem neuen Merkmal vermehren sich stärker als die anderen. Die »Neuen« überleben und langsam verschwinden die »Alten«. Viele Arten sind so entstanden.

Es ist aber nicht so, dass die »Neuen« dabei gegen die »Alten« kämpfen. Die Alten werden kaum merken, was abläuft. Vielleicht werden sie ein paar Mal nicht satt und sterben ein Jahr früher als die ein wenig besser ausgerüsteten »neuen« Artgenossen.

Es ergibt sich einfach, dass nach irgendeiner langen Zeit, nach vielen hundert Generationen, alle Individuen das neue Merkmal aufweisen. Das neue Merkmal begründet nun keinen Vorteil mehr, alle haben es.

Unbestreitbar erhöht die bessere Vitalität der »Neuen« die Zahl der pro Kopf erzeugten Nachkommen. Diese Tatsache ist ein entscheidender Faktor bei der Entstehung neuer Arten. Charles Darwin hämmert dies seinen Zeitgenossen ein:

> Bei jeder Betrachtung der Natur [...] dürfen wir nie vergessen, dass jedes organische Wesen sozusagen die äußerste Vermehrung seiner Kopfzahl erstrebt.

Und an anderer Stelle:

> Alles, was wir tun können, ist, stets im Gedächtnis zu behalten, dass jedes Lebewesen eine Vermehrung im geometrischen Sinne anstrebt [...]²

Diese Aussagen müssen bedauert werden. Kann man von einem Baum sagen, er »erstrebe« eine Vermehrung? Können ein Baum, ein Maikäfer oder ein Kaninchen überhaupt irgendetwas erstreben?

Wenn man einmal annimmt, dass Pflanzen und Tiere seit Beginn der Schöpfung so existiert haben, wie wir sie gerade sehen – und das war die generelle Vorstellung vor Darwin –, dann ist es belanglos, ob ein Vogelpärchen viele oder wenige Nestlinge groß zieht. Es gibt ja genug Pärchen, die Nachkommen erzeugen. Dass die Zahl der Nachkommenschaft für die Entwicklung von Arten von eminenter Bedeutung ist, musste Darwin seinen Zeitgenossen beibringen. Für sie hat er geschrieben, nicht ahnend, dass seine Worte nach über 100 Jahren zu Problemen führen würden.

Eine weitere Bemerkung von Charles Darwin, die ich bereits im vorhergehenden Kapitel zitiert habe, verweist auf die Bedeutung der Erzeugung von Nachkommen.

> Es sei vorausgeschickt, dass ich die Bezeichnung »Kampf ums Dasein« in einem weiten metaphorischen Sinne gebrauche, der die Abhängigkeit der Wesen voneinander *und die Fähigkeit Nachkommen zu erzeugen einschließt. (Was noch wichtiger ist)*. [Hervorhebung d. Verf.][3]

Die von Charles Darwin in diesem Passus hergestellte Verbindung zwischen dem »Kampf ums Dasein« – in seiner Auslegung – und der Erzeugung von Nachkommenschaft ist richtig und wichtig. Um es noch einmal zu betonen: Nachkommen der »geeignetsten« Individuen sind in der nächsten Generation öfter vertreten als die Nachkommen der übrigen Individuen. Die Ausdrucksweise von Charles Darwin ist ausgewogen. Es kommt auf die Vermehrung an, sie ist der Schlüssel zum Verständnis der Wandlung von Arten. Man kann den Text so verstehen, dass es eben *geschieht*, dass einige Individuen mehr Nachkommen erzeugen als andere, und dass hierbei – wenn weitere Voraussetzungen erfüllt sind – neue Arten entstehen können.

Wie kann die Evolutionslehre in einem prägnanten Satz zusammengefasst werden?

> Eine Population von Organismen kann sich im Lauf der Zeit deshalb verändern, weil Individuen mit bestimmten erblichen Merkmalen, die eine Verbesserung der Anpassung an die Umwelt bewirken, mehr Nachkommen hinterlassen als andere.

Dieser Satz verdient das Prädikat »Hauptsatz der Evolution«; er beschreibt einen Ablauf, den man beobachten kann. Niemand will etwas, niemand strebt.[4]

Eine ergänzende Erläuterung ist jedoch notwendig. Die Umwelt ist nicht konstant, sie verändert sich laufend. Das Klima kann sich verändern oder die Populationsdichte anderer Arten, mit denen eine bestimmte Art in Beziehung steht, seien es Fressfeinde oder Nahrung. Die Evolution ist ein immer währender Prozess. Auch kurzfristige Veränderungen treten auf; bei extremer winterlicher

Kälte überleben kälteresistente Individuen, bei Trockenheit andere Individuen, die mit der Wasserknappheit zurechtkommen.[5] Diese Entwicklungen beeinflussen die Begabungen der Individuen der folgenden Generation. Das zahlenmäßige Verhältnis von Spielarten der gleichen Art kann sich schon als Folge von kurzfristigen Umweltereignissen verändern.[6] Erst wenn sich eine längerfristige Bevorzugung einer Spielart oder Varietät ergibt – sei es als Folge einer langfristigen Wandlung der Umwelt, sei es als Wirksamwerden von neuen erblichen Merkmalen oder, was häufig der Fall ist, durch Zusammenwirken von beiden Möglichkeiten – entstehen neue Arten.

Anmerkungen

(1) Darwin war Naturwissenschaftler, jede politische Interpretation seiner Evolutionslehre, jeden »Darwinismus« hätte er abgelehnt; dagegen wehren konnte er sich nicht mehr. Naturwissenschaftler lehnen den Darwinismus ab oder sollten es tun. Zu erwähnen ist in diesem Zusammenhang: Hertwig, 1921.

(2) Zur geometrischen Vermehrung bei Charles Darwin sei hier wegen der großen Bedeutung dieses Themas der Originaltext zitiert: »All that we can do, is to keep steadily in mind that each organic being is striving to increase at a geometrical ratio [...]« Der Ausdruck »im geometrischen Sinne« bezieht sich auf eine geometrische Reihe, die dadurch gekennzeichnet ist, dass der Multiplikationsfaktor zwischen zwei aufeinanderfolgenden Zahlen gleich ist. Bei einem Faktor 2 ergibt sich folgende Reihe:
1, 2, 4, 8, 16, 32, 64, 128, 256, 512 ... usw.

(3) Der Zusatz in Klammern erscheint bei Darwin nur in der Urfassung seines Hauptwerkes.

(4) Der »Hauptsatz«, in Anlehnung an Campbell/Reece: *Biologie*, 2003, S. 504.

(5) Der Ausdruck »Individuen« meint hier »einige«, keineswegs »alle«.

(6) Ein sehr gutes Beispiel für die kurzfristigen Wandlungen von Arten findet sich in dem Buch *Der Schnabel des Finken oder der kurze Atem der Evolution* (Weiner, 1994). Es handelt sich dabei um einen Bericht über Beobachtungen von Finken auf dem Galapagos-Archipel.

Kapitel 4
Die Erkenntnistheorie in der Biologie – wahre Theorien und falsche Hypothesen: Die Evolutionstheorie und die Hypothese vom intelligenten Plan

Nur wenige naturwissenschaftliche Theorien haben die Gemüter so bewegt wie die Evolutionstheorie von Charles Darwin. Nach dieser Theorie sind alle Arten von Organismen gleichsam von selbst entstanden. Bleibt dann noch Raum für die göttliche Schöpfungsgeschichte? Die Evolutionstheorie wurde und wird deshalb als Angriff auf den Glauben an Gott wahrgenommen. Sind wir denn nicht geneigt zu bezweifeln, dass die fast unendlich vielen Arten und deren verwickelte gegenseitige Abhängigkeiten ohne eine intelligente Planung entstanden sein können?

Die Naturwissenschaft beschäftigt sich mit der Materie, dem Kosmos und der belebten Natur, die Teil desselben ist. Durch Beobachtungen und Experimente bemüht sie sich herauszufinden, inwieweit zwischen den vielen Erscheinungen und Abläufen Gemeinsamkeiten bestehen. Aus diesen Gemeinsamkeiten entwickelt sie Hypothesen, die dann durch weitere Beobachtungen und Experimente gezielt in Frage gestellt werden. Wenn diese Überprüfungen eine Hypothese bestätigen, kann sie als wahre Theorie gelten, was mit der Erwartung verbunden ist, dass ihr eine jederzeit nachprüfbare, generelle Wirksamkeit zugeordnet ist. Von solchen Theorien wird dann angenommen, sie seien ein Teil der Wahrheit.

Der Ausdruck »Wahrheit« ist vielschichtig und erhaben, er kennzeichnet religiöse Offenbarungen und beantwortet die Frage nach dem Täter in Gerichtssälen. In der Naturwissenschaft steht der Ausdruck »Wahrheit« für: Gegebenheit, Übereinstimmung mit den Tatsachen.

Ein Problem der Naturwissenschaft ist, dass die als wahr befundenen Theorien oft dem Augenschein widersprechen. Wir sehen, dass die Sonne täglich im Osten aufgeht, über den Himmel wandert und im Westen untergeht. Tatsache ist aber, dass die Erde eine Art Kugel ist, sich um die eigene Achse dreht und zudem um die Sonne herumwandert. Bevor eine Theorie als Wahrheit akzeptiert werden kann, muss sie daher strenge Prüfungen bestehen.

Die Naturwissenschaftler brauchen verlässliche, wahre Theorien, denn nicht jede Forschung kann bei Adam und Eva beginnen. Trotzdem sind sie skeptisch; als gesichert geltende Theorien haben sich später nur zu oft als mit Fehlern behaftet erwiesen, zum Beispiel deswegen, weil sie nur unter bestimmten, einschränkenden Bedingungen zutreffen und dies vorher übersehen worden war. Es gehört zum Selbstverständnis der Naturwissenschaft, alle Theorien, für wie sicher sie auch gelten, immer wieder in Frage zu stellen. Der Mathematiker Alfred Tarski (1901–1983) hat sein Verständnis von Wahrheit in folgendem Satz zusammengefasst:

Es gibt die Wahrheit, aber wir besitzen sie nicht, wir können uns ihrer nicht sicher sein.[1]

In naturwissenschaftlichen Texten unterliegt also die Aussage, dass etwas »wahr« ist, der grundsätzlichen Einschränkung »nach dem heutigen Stand unseres Wissens«.
Die Naturwissenschaftler haben sich selbst Regeln gegeben und Kriterien festgelegt, welche Bedingungen eine Theorie erfüllen muss, um als wahr gelten zu können. Der Philosoph Karl Popper (1902–1994) hat diese Regeln entscheidend beeinflusst und formuliert. Zwei Aussagen möchte ich hier anführen.

Die erste ist, dass jede Hypothese überprüfbar sein muss. Das bedeutet, dass grundsätzlich Beobachtungen oder Experimente durchführbar sein müssen, die die fragliche Hypothese nicht nur bestätigen, sondern auch widerlegen könnten, wenn sie denn nicht wahr wäre.
Die Hypothese, in jedem Baum säße ein immaterieller Gnom, der das Wachstum des Baumes steuert und überwacht, kann

nicht überprüft werden. Es ist kein Experiment, keine Beobachtung denkbar, der die Existenz eines solchen Gnoms beweisen könnte. Diese Hypothese kann keine Wahrheit im Sinne der Naturwissenschaft sein. Sie ist ein Mythos, eine Vorstellung ohne Bezug zur Realität.

Auch das Argument »Aber der Baum wächst ja, wer steuert das sonst?« kann die Hypothese nicht retten. Beobachtete Abläufe, so zweckmäßig sie erscheinen und so günstig sie für irgendetwas auch sein mögen, können weder eine steuernde Intelligenz, noch eine Motivation des Begünstigten beweisen; es gilt nur, was durch Beobachtungen und Experimente bewiesen wird.

Die Biologie ist anfällig für Hypothesen, die irgendwelche speziellen Abläufe durch Motivationen, durch Wünsche oder Antriebe zu erklären suchen, die aber bei genauerer Betrachtung in das Reich der Mystik verwiesen werden müssen. Die Erfahrung lehrt, dass die bekannten, grundlegenden und einfachen biologischen Theorien und Lehrsätze häufig ausreichen, alle beobachteten Abläufe und Phänomene hinreichend gut zu erklären.

Der zweite Grundsatz, der auf Karl Popper zurückgeht, bereitet oft Schwierigkeiten:

Noch so viele wahre Prüfaussagen können die Behauptung nicht rechtfertigen, eine erklärende allgemeine Theorie sei wahr.

Der Satz »Alle Vögel legen Eier und brüten sie aus« wird nicht durch eine große Anzahl von Vögeln bewiesen, die Eier legen und sie ausbrüten. Der Satz, das ist unschwer zu erkennen, ist falsch. Der Kuckuck ist ein Vogel, der Eier legt, sie aber nicht ausbrütet. Der Kuckuck ist für die Ermittlung des Wahrheitsgehaltes des Satzes wichtiger als all die anderen Vögel.

Eine Theorie kann durch ein Experiment bewiesen werden, das zu einem genau vorhergesagten Ergebnis führt. Eine hinreichend gute Begründung einer allgemeinen Theorie ist es auch, wenn durch Experimente oder gezielte Beobachtungen die alternative allgemeine Theorie als falsch entlarvt wird.

Die Theorie, dass das Verhalten von Tieren genetisch gesteuert ist, dass also jedes Tier sich in der freien Natur aufgrund seiner angeborenen Steuermechanismen so verhält, dass es am Leben bleiben kann, wird nicht durch die Beobachtung von vielen frei lebenden Tieren bewiesen, sondern durch einen von Menschen aufgezogenen Orang-Utan widerlegt, der nach seiner Freilassung in einer Umgebung verhungert, in der natürlich aufgewachsene Orang-Utan gut zurechtkommen. Folgender Satz ist also bewiesen: »Es gibt Tiere, die das zum Leben notwendige Verhalten von Artgenossen lernen.« Der Beweis ist deswegen schlüssig, weil Verhalten nur angeboren oder erworben sein kann. Die These, dass es immer angeboren sei, ist widerlegt. Tatsächlich gibt es sehr viele Arten, bei denen die einzelnen Tiere das Überleben lernen müssen.

Die Soziobiologie liefert einige Beispiele für verfehlte, unwissenschaftliche Hypothesen. Hierfür zwei Beispiele:

(1) Bei der Verschmelzung der elterlichen Keimzellen entsteht ein neues Individuum. Neben den artspezifischen Merkmalen gibt es eine große Zahl von Merkmalen, durch die sich die Individuen einer Art voneinander unterscheiden. Eine nahezu unermesslich große Zahl von Kombinationsmöglichkeiten gibt es bei der Verschmelzung der Erbfaktoren der Eltern, was an der großen Variabilität von Geschwistern zu erkennen ist. Der Zufall steuert. Nach der Verschmelzung ist das neue Individuum festgelegt. Der einzige Augenblick der möglichen Einflussnahme auf die Ausgestaltung und Veranlagung des neuen Individuums ist der Moment der Verschmelzung.

Wenn Richard Dawkins die These aufstellt, »[...] die Gene steuern und dirigieren uns, um sich selbst zu erhalten«, so kann er nur annehmen, sie würden den Verschmelzungsprozess beeinflussen, um ihre Ziele zu erreichen, denn alle anderen Abläufe bei der Entstehung eines Individuums ergeben sich nahezu automatisch aus der einmal vollzogenen Verschmelzung. Hinter zufälligen Erscheinungen eine wie auch immer geartete, höhere Einflussnahme zu vermuten, um bestimmte Zwecke zu erreichen, ist Mythologie. Die Vorstellungen von Richard Dawkins entsprechen dem Gnom im Baum, jenseits aller Naturwissenschaft.

(2) Aus schwer nachvollziehbaren Gründen sehen sich die Soziobiologen und mit ihnen Richard Dawkins vor die Frage gestellt: Was ist eigentlich wichtiger, die Gene oder die Organismen, und weiter, wer von den beiden lässt eigentlich den anderen für sich arbeiten? Die Soziobiologie gibt sich auch selbst die Antwort:

> Die Gene verkörpern die unsterbliche Kontinuität des Lebens, während die Pflanzen und Tiere nur als kurzlebige Vehikel für die Gene dienen.

Die oben zitierte Aussage, die auch den Einband des Buches von Richard Dawkins schmückt, ist keine Hypothese, die möglicherweise wahr sein könnte. Es ist keine Beobachtung möglich, kein Experiment denkbar, das die Vorstellung erhärtet. Es handelt sich dabei um einen Mythos, um einen Gnom im Baum.

Es erstaunt, dass die diskutierten Thesen seit Jahrzehnten von renommierten Wissenschaftlern, die zweifellos erkenntnistheoretisch gebildet sind, unkritisch weitergereicht werden. Die einzige Erklärung für den erkenntnistheoretischen Missgriff sehe ich in einer trutzigen Genverliebtheit der Soziobiologen.

In der Biologie gibt es allerdings allgemein anerkannte Theorien, die weder durch Widerlegungen einer alternativen allgemeinen Theorie, noch durch Experimente mit vorausgesagten Ergebnissen bewiesen werden können. Dies gilt, als prominentes Beispiel, für die Darwin'sche Evolutionstheorie in ihrer Gesamtheit. Es gibt keine konkurrierende Erklärung, durch deren Widerlegung der Beweis der Richtigkeit der Evolution bewiesen werden könnte. Auch gezielte Experimente können wir zum Beweis der Evolution nicht anstellen; wir müssten die Entstehung von sich selbst fortpflanzenden Organismen aus anorganischen Stoffen nachweisen. Experimente in dieser Richtung scheitern an deren unermesslich langen Dauer.[2]

Die Evolutionslehre ist aber durch eine fast unendlich große Zahl von paläontologischen Untersuchungen immer wieder bestätigt worden. Bei jedem der vielen aufeinander folgenden Entwicklungsschritte von einer Art von Organismen zu der sich daraus entwickelnden nachfolgenden Art waren die Individuen an die jeweils bestehende Umwelt so gut angepasst, dass sie sich fortpflanzen konnten. Es wurden noch nie Spuren von einem Organismus mit einem Merkmal entdeckt, das seine Wirksamkeit erst irgendwann in der Zukunft, bei irgendwelchen folgenden Generation entfaltet. Ein Individuum, das beispielsweise Ansätze zu Flügeln besitzt, obwohl es gar nicht fliegen kann, wäre eine Widerlegung unserer Vorstellung von der Evolution, wenn diese Flügelansätze keinem anderen Zweck dienten, als irgendwann bei seinen Nachkommen die Fähigkeit des Fliegens auszubilden. Ein Merkmal mit vorausahnender Bewährung konnte bis heute nicht entdeckt werden.

Wir können also mit sehr großer Sicherheit annehmen, dass unsere Vorstellungen von der Evolution der Realität entsprechen.

Ich habe oben geschrieben, dass es keine konkurrierende Theorie gibt, durch deren Widerlegung die Evolutionslehre bewiesen werden könnte. Dieser Satz stößt möglicherweise auf Widerspruch. Es gibt eine – insbesondere in den Vereinigten Staaten verbreitete – Hypothese, die Entstehung des Lebens sei ein so komplexer Vorgang, dass sie nur durch einen vorab vorhandenen intelligenten Plan (*intelligent design*) erklärbar sei. Diese Hypothese ist ein in die wissenschaftliche Sprache übersetzter und etwas abgewandelter Kreationismus, eine Lehrmeinung, die behauptet, Gott habe die Welt so erschaffen, wie dies in der Bibel offenbart sei.

Gelegentlich – so auch in einem deutschen Schulbuch (!)[3] – liest man die Behauptung, zur Erklärung der Entstehung des Lebens stünden sich zwei gleichwertige, unbewiesene Theorien gegenüber: die Evolution nach Charles Darwin einerseits und die Theorie des intelligenten Plans andererseits. Die Behauptung soll ganz offensichtlich die Hypothese vom intelligenten Plan in den Rang einer naturwissenschaftlichen Aussage erheben.

Unschwer ist zu erkennen, dass die Hypothese des intelligenten Plans die erste, grundlegende Regel nicht erfüllt: Sie ist nicht überprüfbar. Es sind keine Beobachtungen, keine Experimente denkbar, die die Existenz des intelligenten Plans beweisen könnten; er ist so real wie der Gnom im Baum. Die beiden Theorien sind daher von ihrem Anspruch her nicht gleichwertig. Einer naturwissenschaftlich erhärteten, wenn auch im strengen Sinne nicht bewiesenen Theorie wird ein Mythos gegenübergestellt, dem jede naturwissenschaftliche Qualifikation fehlt.

Hat Gott die Welt erschaffen? Es könnte sein, es könnte aber auch nicht sein. Die Frage ist im Rahmen der Naturwissenschaft nicht zu beantworten, sie ist dafür nicht zuständig. Verfehlt wäre deshalb auch die Aussage, die Naturwissenschaft habe bewiesen, dass Gott die Welt *nicht* erschaffen habe.[4] Der Erfolg der Naturwissenschaft beruht auch auf der Tatsache, dass die Wissenschaftler stets bemüht sind, ihre Regeln einzuhalten bzw. gegebenenfalls bereit sind, zu ihnen zurückzukehren.

Anmerkungen

(1) Zitiert nach Karl Popper, Hamburg, 1993, dem auch die anderen Zitate dieses Kapitels entnommen sind.

Der vorsokratische Dichter und Philosoph Xenophanes (~ 565 bis ~ 470 v. Chr.) hat sich mit Erkenntnistheorie beschäftigt und kann als Vorläufer von Tarski angesehen werden:
»Nicht von Beginn an enthüllen die Götter uns Sterblichen alles; aber im Laufe der Zeit finden wir, suchend, das Bess're.«
»Diese Vermutung ist wohl, ich denke, der Wahrheit recht ähnlich. Sichere Wahrheit erkannte kein Mensch und wird keiner erkennen Über die Götter und alle die Dinge, von denen ich spreche.
Selbst wenn es einem einst glückt, die vollkommenste Wahrheit zu verkünden, Wissen kann er sie nie: Es ist alles durchwebt von Vermutung.«

(2) Es gibt Computersimulationen für die Evolution. Programme können bei der Lösung von Aufgaben an Komplexität zunehmen, um die Aufgaben noch besser lösen zu können. Solche Abläufe sind reproduzierbar (http://dllab.caltech.edu/avida).

(3) Junker, R.; Scherer, S.: *Evolution – ein kritisches Lehrbuch*, Gießen, 2001.

(4) Richard Dawkins soll Atheist sein. Für den ihm gelegentlich angelasteten Vorwurf, er habe versucht, den Theismus zu widerlegen, habe ich in dem Buch *Das egoistische Gen* keine Basis gefunden.

Kapitel 5
Eine wichtige Hypothese der Soziobiologie: Das individuelle Vermehrungsstreben

Eine erste deutschsprachige Zusammenfassung der Soziobiologie unter dem Titel »Grundriss der Soziobiologie« stammt von Eckart Voland aus dem Jahr 1993. Auf der ersten Seite steht folgender Passus:

> Es geht [...] um die Frage, warum sich das Vermehrungsstreben der Individuen *(das als gegebene Systemeigenschaft des Lebens aufgefasst wird)* [Hervorhebung d. Verf.] gerade in den jeweils vorgefundenen und keinen anderen sozialen Verhaltensäußerungen niederschlägt.[1]

Das Buch soll mit der Soziobiologie, der neuen Richtung in der vergleichenden Verhaltensforschung, vertraut machen. Wie üblich wird am Anfang dargelegt, was das Buch zu erklären bestrebt ist. In einem Nebensatz, in Klammern, beiläufig, erfahren wir, worauf die Soziobiologie aufgebaut ist: Das Vermehrungsstreben der Individuen gilt als die gegebene Systemeigenschaft des Lebens.

Dieser Satz erfüllt eine Reihe von erkenntnistheoretischen Voraussetzungen nicht, um als wahr gelten zu können. Zu bedenken ist:

(1) Der Ausdruck »Systemeigenschaft« ist unklar. Bedarf die Wissenschaft vom Leben einer Systemeigenschaft? Was kennzeichnet eine solche Eigenschaft? Gibt es eine Systemeigenschaft der Physik, der Chemie oder der Geologie? Von *der* Systemeigenschaft des Lebens zu sprechen impliziert, dass es keine anderen Systemeigenschaften gibt – was auch immer man darunter verstehen mag – und dass die Natur mit ihrer Evolution deswegen besteht, weil die Individuen ein individuelles Vermehrungsstreben besitzen.

Könnte man nicht mit gleichem Recht behaupten, der Stoffwechsel sei eine Systemeigenschaft des Lebens? Schließlich ist der biologische Stoffwechsel das umfassende Merkmal, das die Natur von der unbelebten Umwelt unterscheidet; er ist nahezu ein Synonym für die belebte Natur. Man könnte postulieren, es sei die Aufgabe aller Individuen, diesen Stoffwechsel zu maximieren, und die Vermehrung der Individuen finde statt, um den Stoffwechsel zu verbessern.

Natürlich teile ich diese Meinung nicht. Ich möchte nur erläutern, wie wenig hilfreich jedwede Aussage ist, dies oder jenes Merkmal der Natur stehe im Zentrum, sei ihre Systemeigenschaft, und alle anderen Merkmale seien diesem untergeordnet.

Warum wurde ausgerechnet das Vermehrungsstreben Inhalt der zitierten These? Es geht auf Charles Darwin zurück. Ich vermute, dass auch unsere menschlichen Lebenserfahrungen Pate gestanden haben. Für uns stehen Reproduktion und Sexualität stärker im Fokus unserer Lebenswahrnehmung, als wir dies bei Tieren nach unseren Beobachtungen vermuten können; bei uns sind Sexualität und Fortpflanzung nicht auf ein saisonales Fenster beschränkt wie bei den meisten Tieren. Die Sexualität und die Fortpflanzung sind für uns *emotional* gewichtiger als der Stoffwechsel.

(2) Man kann aus dem finalen Ergebnis einer Tat nicht schließen, dieses sei der Antrieb für die Tat gewesen. Wer sich unmäßig dem Alkohol ergibt, strebt nicht nach dem sich zwangsläufig ergebenden Kater. Es ist im Übrigen eine menschliche Lebenserfahrung, dass Sex überwiegend nicht ausgeübt wird, um Nachwuchs zu zeugen. Die Schlussfolgerung »Organismen vermehren sich; also streben Organismen nach Vermehrung« ist falsch.

(3) Das Wort »Streben« bedeutet »sich um etwas bemühen«. Das schließt die Möglichkeit ein, das Streben zu unterlassen. Bei einem notwendig ablaufenden Vorgang kann man nicht von Streben sprechen. Von einem geworfenen Stein kann man nicht sagen, er »strebe« zurück zur Erde.

Das scheinbar zielgerichtete Verhalten von Tieren ist aus Einzelschritten zusammengesetzt, die nacheinander abgespult werden, wobei häufig äußere Signale den nächsten Schritt auslösen. Alle diese Schritte sind genetisch gespeichert, sie gehören zum Bauplan einer Art. Das Abarbeiten der Schritte eines Komplexes führt zu einem Ergebnis, beispielsweise der Entstehung von Nachkommen. Tiere vollziehen ihr Programm. Aktives zielgerichtetes Handeln, sozusagen um sich den Kinderwunsch zu erfüllen, können wir Tieren nicht unterstellen.

(4) Das »individuelle Vermehrungsstreben« wurden von Biologen mit der Fitness gleichgesetzt. Das Wort Fitness beschreibt dann die reproduktive Leistungsfähigkeit eines Individuums, gemessen an der Zahl seiner Nachkommen in der folgenden Generation.

Der fragliche Satz und Gegenstand dieses Kapitels führt zu der Annahme, alle Organismen seien um »Fitnessmaximierung« (eine weitere unglückliche Wortschöpfung der Biologie) bemüht, die dann zur »Angepasstheit« führt. Der bekannte Biologe Hubert Markl hat 1983 den mit der Wirkweise der Evolution erklärbaren und mit ihr untrennbar verbundenen Lebenszweck als *biogenetischen Imperativ* bezeichnet.[2]

Die Naturwissenschaft bemüht sich, Zusammenhänge in der materiellen Welt und in der Natur aufzuklären, Beobachtungen zusammenzufassen und hieraus Thesen abzuleiten. Es sind keine naturwissenschaftlichen Abläufe denkbar, die mit den Worten »Imperativ« und »Zweck« erklärt werden können. Wie würden wir die Aussage bewerten, es sei der Zweck der Elektronen, beim Verlassen einer Potenzialfläche ein Lichtquant auszusenden? Oder es sei ein chemischer Imperativ einer Säure, mit einer Lauge ein Salz zu bilden? Wer den Ausdruck »Zweck« in der Biologie verwendet, sollte zunächst einmal klären, welchen Zweck die Natur an sich hat.

Die Erzeugung von Nachwuchs ist Teil des Lebens, nicht Zweck des Lebens.

(5) Völlig neben der Realität liegt die Annahme, *alle* Individuen hätten das, was nun einmal »Vermehrungsstreben« genannt wor-

den ist. Bei einer Reihe von Tierarten gibt es viele Individuen, die biologisch an der Erzeugung von Nachwuchs *nicht* beteiligt sind. Zu diesen Tierarten gehört übrigens auch der Mensch, was in den letzten Kapiteln dieses Buches näher erläutert wird.

Es ist schon ein beachtlicher Missgriff zu behaupten, Tiere, die nachweisbar an der genetischen Reproduktion nicht beteiligt sind, hätten trotzdem ein Vermehrungsstreben.

Der Satz »Das Vermehrungsstreben der Individuen ist die gegebene Systemeigenschaft des Lebens« enthält keine naturwissenschaftliche Aussage. Selbst wenn man von den besprochenen formalen Mängeln und Vieldeutigkeiten einmal absieht: Der Satz ist falsch.

Ein kurzer Blick in die Geschichte der Evolutionsbiologie wird zeigen, wie die Soziobiologie Erklärungen für sehr viele Beobachtungen sucht, die mit dem Satz nicht in Einklang zu bringen sind.

Anmerkungen

Eckart Voland schreibt im Vorwort zur ersten Auflage von *Grundriss der Soziobiologie* Soziobiologen benützten eine sehr pragmatische Sprache, ihre Ausdrucksweise sei häufig so gewählt, als ob Tieren menschliche Bewusstseinsstrukturen und Handlungsmotive unterstellt würden. Das »philosophische Problem, ob sich Tiere überhaupt für irgendetwas ›interessieren‹ können«, solle aber damit nicht angesprochen sein.
Diese dem Buch vorangestellte Generalklausel kann die Verwendung der Sprache nicht relativieren. Der Text muss als harte Währung gesehen werden. Von dem allgemeinen Sprachgebrauch abweichende Interpretationen von Begriffen – zu denen Charles Darwin zum Beispiel beim »Kampf ums Dasein« Zuflucht genommen hat – fehlen im Text. Worte wie »Vermehrungsstreben«, »biologischer Imperativ« und viele weitere stehen für Begriffsinhalte, von denen angenommen werden muss, dass sie die Intentionen des Verfassers wiedergeben.

(1) Voland, 2000, S. 1.
(2) Zitiert nach Voland, 2000.

Kapitel 6

Geschichtlicher Rückblick und die Frage: Was bestimmt die Dichte der Individuen einer Art in einem Habitat?

Zwei Forscher standen an der Wiege der Soziobiologie Pate. Ihre Standpunkte sind unvereinbar. Ihre Gemeinsamkeit besteht darin, dass beide irrten.

Der eine von beiden war der Schotte Vero Copner Wynne-Edwards, Professor für Zoologie an der Universität von Aberdeen (1906–1997). Der andere war William Donald Hamilton, Professor für Zoologie in Oxford (1936–2000), auf dessen Beitrag zur Biologie in Kapitel 8 näher eingegangen wird.

Im Jahre 1962 hat V.C. Wynne-Edwards ein Buch unter dem Titel »Die Verbreitung von Tieren in Abhängigkeit vom Sozialverhalten« (*Animal Dispersion in relation to social behaviour*) veröffentlicht. Sein Name steht in jedem Buch über Soziobiologie, um mit dem Hinweis auf ihn darlegen zu können, wie die Natur eben nicht funktioniert.

Wynne-Edwards hat sich mit der Zahl der Tiere beschäftigt, die in einem Habitat, einem abgeschlossenen Gebiet, leben. Er war nach der Evolutionslehre von Charles Darwin davon überzeugt, dass alle Lebewesen sich phantastisch vermehren wollten. Nach dieser Lehre, so nahm er an, müsste es eine extreme Zunahme an Tieren geben, und zwar über die Zahl hinaus, die in dem Habitat eigentlich leben können. Möglicherweise haben ihn die Überlegungen des Nationalökonomen Thomas Robert Malthus zu der Annahme veranlasst, eine hemmungslose Zunahme von Tieren müsse zu Hungersnot, Krankheiten und Chaos führen. Unausweichlich, so schloss er weiter, würden in dem Habitat schließlich weniger Tiere leben, als es nach den vorhandenen Ressourcen an sich möglich wäre.

Wynne-Edwards stellte verwundert fest, dass das Chaos nicht stattfindet. Bei einem Mangel an Ressourcen gab es zwar weniger Tiere einer Art, so bemerkte er bei Feldbeobachtungen, diese wenigen waren aber gesund und fett. Aus diesem unerwarteten Ergebnis seiner Beobachtungen schloss Wynne-Edwards, es müsse ein »inneres System« *(intrinsic means)* geben, das die Tiere veranlasse, weniger Nachkommen zu erzeugen, als ihnen eigentlich möglich wäre. Insoweit sei die natürliche Selektion, die die Individuen veranlasse, so viele Nachkommen zu produzieren, wie es eben geht, außer Kraft gesetzt. Daraus leitete er ab, es käme nicht darauf an, dass sich die einzelnen Individuen in einer bestimmten Umwelt bewährten, sondern die Gruppe als Ganzes. Als »Gruppe« betrachtete er alle Individuen einer Art, die in einem Habitat leben.

Seine zentrale These besteht darin, dass die Tiere sich im Interesse der Gruppe verhalten. Für dieses Verhalten im Gruppeninteresse hat Wynne-Edwards den Ausdruck »Gruppenselektion« (*group selection*) geschaffen.

Um es sich noch einmal vor Augen zu führen: Dies besagt, dass die Gruppe die Einheit der Selektion ist, die sich in der Umwelt behaupten muss, und nicht jedes Individuen für sich. Die »Gruppenselektion« steht also in eindeutigem Gegensatz zur »Individualselektion«, die auf Charles Darwin zurückgeht.

Wynne-Edwards hat als Erster die Bedeutung von Gruppen in der Natur erkannt, was ihm als bleibendes Verdienst angerechnet werden muss. Er war allerdings der Meinung, die Aufgabe der Gruppen bestände *nur* darin, die Zahl der Individuen so klein zu halten, dass bei den gegebenen Ressourcen eine optimale Zahl von Tieren im Habitat existierte. Wynne-Edwards hat den Faden noch ein wenig weiter gesponnen und postuliert, die Individuen verhielten sich damit auch im Interesse der Art, sie betreiben also »Arterhaltung«.

Der grundsätzliche Irrtum von Wynne-Edwards besteht darin, dass das von ihm geforderte »innere System«, also die gezielte Reduktion der Nachkommenschaft, unnötig ist. Das erwartete Chaos kann nach den etablierten Regeln der Evolution nicht entstehen.

Hierzu ein Beispiel: Angenommen, ein Vogelpärchen erzeugt

ein Gelege von einer bestimmten Zahl von Eiern; wenn es mehr Eier sind, als es Nestlinge aufziehen kann, dann bleibt das Pärchen unterhalb seiner Möglichkeiten. Das Nettoergebnis der Aufzucht bleibt negativ, denn einige Nestlinge werden verhungern. Die Arbeit, die die Eltern zu deren Ernährung bis zu ihrem frühen Tod geleistet haben, war vergebens. Bei einem kleineren Gelege hätte diese Arbeit zur Aufzucht von Nestlingen eingesetzt werden können, die dann alle gesund überlebt hätten.

Wenn das Pärchen weniger Eier produziert, als es Nestlinge aufziehen kann, ist die Bilanz ebenfalls negativ. Die Elterntiere aber, die zufälligerweise die richtige Zahl von Eiern pro Gelege »erraten« – das heißt, die aus den Umweltbedingungen zu Beginn der Saison die optimale Zahl erspüren –, pflanzen sich am besten fort und vererben ihre ökonomische Fähigkeit. Nach einer großen Zahl von Generationen haben die meisten Gelege im Rahmen der gegebenen Klimavariationen die optimale Größe.

Die Zahl der von einem Elternpaar erzeugten Kinder für sich gesehen ist belanglos. Entscheidend ist nur die Zahl der Kinder, die ihrerseits in die Lage kommen, Nachwuchs zu erzeugen, um dann das Erbgut weitergeben zu können, das es ihren Eltern ermöglicht hat, erfolgreich zu sein. Das Elternpärchen weiß nicht was abläuft, intellektuelle Fähigkeiten besitzt es nicht. Es will weder viele noch wenige Nestlinge. Sein Verhaltensprogramm hat sich genetisch in vielen Generationen so eingestellt, dass die Tendenz zu einer optimalen Zahl von reproduktionsfähigen Nachkommen entsteht.

Wenn ein Igelweibchen kein Territorium erwerben konnte, dessen Größe ausreicht, um einen Wurf großzuziehen, wandert es aus oder es verzichtet auf Nachwuchs. Man könnte annehmen, das Weibchen produziere zwar die Jungen, diese würden dann aber wegen unzureichender Ernährung nicht erwachsen. So etwas gibt es natürlich. Die Verhaltenslinie – bei unzureichender Ernährungsbasis zu gebären – würde in diesem Fall jedoch mangels Fortsetzung geschwächt werden oder verschwinden. Wenn es in einem Habitat zu viele Igel gibt, dann werden einige in unwirtlichere Territorien abgedrängt, wo sie sich vielleicht gerade noch ernähren können; wenn sie nicht genügend Speck ansetzen, überleben sie den nächsten Winter nicht. In einem Feuchtbiotop besteht jedenfalls die Tendenz zu einer optimalen Zahl gesunder Nachkommen.

Die Beobachtungen von Wynne-Edwards sind korrekt. Seine Interpretationen und seine Grundannahmen aber sind falsch. Er vermutet die Tendenz zum Chaos – die es nicht gibt – und schließt daher auf die Existenz von Steuerungen, von inneren Systemen, die das Chaos verhindern. Das »innere System« ist eine ähnliche Erfindung wie der Gnom im Baum. Seine Argumentation hebt sich selbst auf, denn sie »löst« ein nicht bestehendes Problem.

Mit den von ihm geprägten Begriffen der »Gruppenselektion« und der »Arterhaltung« hat Wynne-Edwards aber in ein Wespennest gestochen.

Kapitel 7

Das Unbehagen über die Gruppenselektion von Wynne-Edwards und das biologische Schema Egoismus/Altruismus

Wynne-Edwards hatte gefordert, es müsse so etwas wie eine Absprache zwischen den Individuen einer Art geben, um ihren gemeinsamen Zuwachs so zu begrenzen, dass die Ressourcen optimal genutzt würden. Daraus hat er abgeleitet, die Individuen verhielten sich im Interesse der Gruppe und damit auch im Interesse der Art. Wie diese Absprache funktioniert, konnte er nicht erklären.

Die Forderung eines Verhaltens »im Interesse der Art« als primäres Moment der Biologie steht im Widerspruch zu Charles Darwin. Ein Individuum kann nicht zwei Herren dienen. Entweder es gilt der Hauptsatz der Evolution, wonach sich die Individuen mit der besten Anpassung an die Umwelt am erfolgreichsten vermehren, oder es gilt das übergeordnete Gesetz der Gruppenerhaltung und damit auch der Arterhaltung.

Die Meinung der Fachwelt war einhellig: Wynne-Edwards liege falsch, ein Verhalten von Individuen im Interesse der Art könne es nicht geben, also sei das Gegenteil richtig und das bedeute, es komme nur auf die Individuen an. Gesetz der Natur sei es, dass jedes Individuum sich bestmöglich vermehren will, dies habe schon Charles Darwin gefordert.

Mit dieser Meinung fand sozusagen eine Rückbesinnung auf die reine Lehre statt, Wynne-Edwards wurde zum Buhmann.

Allerdings tat sich ein neues Problem auf: Bei einer Reihe von Tierarten gibt es tatsächlich Individuen, die auf persönliche Nachkommenschaft verzichten. Bei Wölfen und Wildhunden erzeugen nur einige Tiere Nachwuchs, die anderen – die Helfer – beschützen die Jungtiere oder gehen auf die Jagd, um die Nahrung für alle Rudelmitglieder zu besorgen. Auch bei den Staaten bildenden Insekten gibt es Gehilfen, die praktisch die gesamte

Arbeit des Staates leisten, ohne selbst reproduktiv tätig zu sein. Es gibt also unbestritten Tierarten, bei denen wenigstens einige Individuen durch Reproduktionsverzicht sich nicht so verhalten, wie dies nach Darwin zu erwarten wäre.

Mit W.D. Hamilton wurde es üblich, das Verhalten der Helfer, also derjenigen, die nicht selbst reproduzieren, »altruistisch« zu nennen. Entsprechend bezeichnete man diejenigen, die selbst Junge haben, in der Forschung als »egoistisch«. Der Normalfall, das Verhalten nach Charles Darwin und die Erzeugung von möglichst vielen eigenen Nachkommen, war somit egoistisch. Diese Aufteilung der sozial lebenden Tiere in »Egoisten« und »Altruisten« ist unglücklich. Sie ist eine Spätfolge der Wortwahl von Charles Darwin, der allen Individuen ein Streben nach immensen Reproduktionszahlen zuschrieb.

Das Schema Egoismus/Altruismus passt indes zur Biologie so wenig wie zur Chemie. Wer käme auf die Idee, Kohlenstoff egoistisch zu nennen, weil er gerne zu Kohlendioxyd verbrennt? Das Schema passt zu uns Menschen, weil wir uns gelegentlich zwischen verschiedenen Möglichkeiten entscheiden können. Die Tiere können nur begrenzt entscheiden, sie folgen ihrem Programm. Wenn ein Organismus aufgrund von ererbten Merkmalen, die zufällig sehr gut zur Umwelt passen, viele Nachkommen hervorbringt, macht ihn dies keinesfalls zu einem besonders rücksichtslosen Egoisten. Das Egoismus/Altruismus-Schema findet sich in jedem Buch über Soziobiologie. Jede Beobachtung wird danach untersucht, ob sich die Individuen auch brav egoistisch verhalten, was bedeutet, den einzigen Erfolg zu erringen, der einem Individuum offen steht, nämlich viele Nachkommen zu erzeugen. Dieses Schema hat unser Denken über die Biologie korrumpiert. Irgendwann hat es Eingang in die allgemeine menschliche Begriffswelt gefunden und hat dort durch die Vermengung mit unseren ganz anderen Inhalten von Egoismus und Altruismus Zweifel und Missbehagen geschaffen.

Angemessener wäre es, von *primärer* und *sekundärer Fortpflanzung* zu sprechen, um die Rolle der Gehilfen von den tatsächlich produzierenden Individuen abzusetzen.

Leider muss ich heute das verunglückte Schema Egoismus/ Altruismus weiter verwenden, weil es sich trotz seiner Missverständlichkeit in der biologischen Fachsprache etabliert hat.

Die grundsätzliche Frage, vor der die Biologen nach Wynne-Edwards standen, lautete: Wie kommen Gehilfen bei sozialen Tierarten zustande? Warum verhalten sie sich altruistisch? Als Beispiel für viele sei hier ein Absatz von Wolfgang Wickler und Uta Seibt aus »Das Prinzip Eigennutz« zitiert:

> Für kein einziges seiner [Wynne-Edwards; Anm. d. Verf.] angebotenen Beispiele konnte er allerdings plausibel machen, wie denn individueller Verzicht, selbst wenn er für die ganze Gruppe nützlich ist, aus einer Generation in die nächste kommen sollte, wenn das Vehikel der Fortpflanzung gerade für das Individuum ausfiel, welches das Verzicht-Merkmal hat.[1]

Ich werde später zeigen, dass dieser Übergang problemlos zu verstehen ist, wenn man sich ein wenig mit Genetik und den Bedingungen beschäftigt, die bei dem Übergang des Erbguts von einer zur nächsten Generation bestehen.

Genau dieses Scheinproblem – wie schafft es der Altruismus von einer Generation in die nächste? – wird nun von W.D. Hamilton durch eine simple, aber äußerst fragwürdige Konstruktion gelöst.

Anmerkung

(1) Wickler/Seibt, 1991, S. 47.

Kapitel 8
Die Grundüberlegung der Soziobiologie und das egoistische Gen

Der englische Forscher W. D. Hamilton hat 1964 einen Aufsatz unter dem Titel »Die genetische Evolution des Sozialverhaltens« *(The Genetical Evolution of Social Behaviour)* veröffentlicht. Dieser Aufsatz kann als Antwort auf Wynne-Edwards aufgefasst werden, dessen Buch zwei Jahre vorher erschienen war. Die Überlegungen von Hamilton sollten wenig später zur Grundlage der Soziobiologie werden.

Die Altruisten, also die Helfer, die auf eigenen Nachwuchs verzichten, seien, so führt er aus, in Wirklichkeit gar keine richtigen Altruisten. Jenseits des Augenscheins seien sie echte Egoisten. Wenn sie selbst Nachwuchs erzeugten, würden sie ihr persönliches Erbgut an die nächste Generation weitergeben. Das Gleiche würden sie aber auch dann erreichen, wenn sie nahen Verwandten bei der Aufzucht von deren Kindern behilflich seien. Durch die Verwandtschaft sei ja gewährleistet, dass hierbei auch ihr persönliches Erbgut, wenigstens zum Teil, an die nächste Generation weitergegeben würde. Wir beobachteten demnach in der Natur also nicht echten Altruismus, sondern Scheinaltruismus.

W. D. Hamilton hat dazu auch eine sehr einfach zu verstehende Formel entwickelt, die so genannte Hamilton'sche Ungleichung:

$$K < r \cdot N$$

Die Kosten K eines Verhaltens des scheinbaren Altruisten müssten immer kleiner sein als der Nutzen N für den Vorteilsnehmer, multipliziert mit dem Verwandtschaftsverhältnis r. Dieses Verhältnis ist für die direkten Nachkommen 0,5; für Enkel, Nichten und Neffen 0,25 usw. Wenn seine Kosten bzw. sein Aufwand bei der fraglichen Tat größer sind als $r \cdot N$, dann hat er falsch bzw. unnütz gehandelt, kurz: altruistisch.

In einem Ameisenhaufen, das wird einmal so angenommen, sind alle Arbeiterinnen Töchter der Königin, und zwar ohne Beteiligung männlicher Samen. Die Eier und Larven, die sie versorgen, sind ihre Geschwister, sie haben also ein Verwandtschaftsverhältnis von r = 0,75. Wenn sie sich fleißig abrackern, dann verhalten sie sich im Sinne von Hamilton vernünftig, das heißt nicht altruistisch, sondern, wie es sich gehört, egoistisch.

Der Begriff der Fitness bedarf nach diesen Erkenntnissen einer Korrektur. Wenn ein Individuum sich scheinbar altruistisch verhält, in Wirklichkeit aber egoistisch, weil es mit dem Begünstigen verwandt ist, dann erhöht sich seine Fitness. Man spricht dann von »Gesamtfitness«, im Englischen von *inclusive fitness*.

Das ganze Prinzip wird unter dem Schlagwort der »Verwandtenselektion« (*kin selection*) zusammengefasst. Es besagt – ähnlich wie die Individualselektion und die Gruppenselektion –, dass die Verwandtschaft als solche der Selektion unterworfen sei, also in Konkurrenz zu anderen Verwandtschaften stehe. Die Individualselektion bleibe unverrückbares Prinzip der Biologie. Ein scheinbar altruistisches Verhalten bestätige dieses Prinzip, wenn die Begünstigten Verwandte seien, also Individuen mit wenigstens teilweise gleichen Genen.

Durch die Verwandtenselektion rücken nun die Gene ins Zentrum der Überlegung. Wenn die Arbeiterinnen eines Ameisenhaufens rackern, dann erfüllten sie ihre genetische Aufgabe, da die Begünstigten ja ihre Schwestern bzw. ihre Brüder sind.[1] Was vollbrächten sie aber tatsächlich? Sie arbeiteten für ihre eigenen Gene, so weit sie in ihren Verwandten existieren. Und warum genau täten sie dies? Weil ihre Gene sie dazu anhalten. Die Gene steuerten die Arbeiterinnen, um sich selbst in den Verwandten am Leben zu erhalten, wo sie ja (fast) ebenso gegenwärtig seien wie in den Arbeiterinnen. Also stehen die Gene im Zentrum des Geschehens. Sie steuern die Replikation für sich selbst.

Und damit sind wir bei den Kernthesen der Soziobiologie angelangt. In den Genen sind die stammesgeschichtlich erworbenen Informationen gespeichert. Deren potenzielle Unsterblichkeit soll die Kontinuität des Lebens begründen. Die vergänglichen Individuen dienen den Genen nach diesem Konzept als

sterbliche Vehikel und haben den einzigen Zweck, ein optimales Medium für die Genreplikation zu liefern. Damit wird die Evolution als ein *genzentriertes Prinzip* dargestellt. Die These, dass die Gene Movens und Agens der Natur seien, also Antriebskraft und Handlungsträger in einem, hat zu der Floskel vom »egoistischen Gen« geführt.

Die Grundgedanken der Soziobiologie lassen sich wie folgt zusammenfassen:

(1) Altruismus gibt es nicht. Jeder beobachtete Altruismus ist dies nur scheinbar, denn tatsächlich sind die Begünstigten der altruistischen Taten immer Verwandte, das heißt Individuen, die wenigstens teilweise die Gene des scheinbaren Altruisten in sich tragen.

(2) Die scheinbaren Altruisten arbeiten somit für die Verbreitung der eigenen Gene, ähnlich wie dies die tatsächlich reproduzierenden Individuen machen.

(3) Die Gene selbst sind also die Begünstigten, die Protagonisten der Evolution, sie steuern ihre eigene Reproduktion.

Die Gene werden damit – bildlich gesprochen – zum Gnom im Baum gemacht.

Die dargestellte Gedankenkette ist überaus dürftig, sie ist eine Hypothese. Aus ihr die schwer wiegende Behauptung herzuleiten, alle Organismen, auch der Mensch, verdankten ihre Existenz einem egoistischen Prinzip, ist vorsichtig ausgedrückt, kühn. Die Naturwissenschaft hat gegenüber der Öffentlichkeit, unserer Kultur, den Schülern, denen dies alles als Tatsachen serviert wird, eine schwere Verantwortung. Um die genannten Schlüsse als unbestreitbares Ergebnis der Naturwissenschaft darzustellen, müssten sich die Soziobiologen ihrer Sache sicherer sein, als sie dies bei kritischer Einstellung sein können. Bisher konnte kein Nachweis für ihre gewagte These erbracht werden.

Anmerkungen

Die Hamilton'sche Erklärung wurde als genial wahrgenommen, ja als Befreiungsschlag empfunden. Es gab aber auch Skeptiker wie Konrad Lorenz. Hierzu ein Zitat aus der Biografie von Norbert Bischof: »Warum hat Lorenz dann Hamiltons geniale Idee, dass im Tierreich ›altruistisches‹ Verhalten nicht einfach generell auf *Artgenossen*, sondern speziell auf *Verwandte* gerichtet sei und in diesen *seine eigene genetische Grundlage* unterstütze, nicht bereitwillig aufgegriffen? Warum hat er gerade dann noch hartnäckiger als je zuvor die Gruppenselektion verteidigt?« N. Bischof gibt selbst die Erklärung: Lorenz habe die Veröffentlichung von Hamilton gar nicht richtig mitbekommen. Er fährt fort: »Gerade in diesem Falle ist das besonders schade; denn ich zweifle keinen Moment, dass er bei etwas günstigerer Präsentation die moderne Weiterentwicklung der Evolutionsbiologie begeistert und kongenial mitvollzogen hätte.« (Bischof, 1991, S. 27 ff.)
Norbert Bischof ist offenbar so begeistert von den Hamilton'schen Überlegungen, dass er sich gar nicht vorstellen kann, Lorenz hätte ihnen nicht ebenfalls zugestimmt. Die Idee, dass der wirklich geniale Konrad Lorenz einen besseren, kritischeren Durchblick gehabt und Hamilton einfach als vorübergehende Modeerscheinung eingeschätzt hat, kommt ihm nicht. Man kann dem Buchtitel »Gescheiter als alle die Laffen« nur zustimmen.

(1) Die Arbeiterinnen sind mit den weiblichen Larven zu 75 Prozent, mit den männlichen Larven zu 25 Prozent verwandt, vorausgesetzt, sie stammen von der gleichen Königin ab (zu diesem Thema siehe auch Kapitel 23).

Kapitel 9
Können Tiere ihre Verwandten erkennen?

In Gruppen lebende Tiere verhalten sich phänomenologisch altruistisch, unabhängig davon, wie man dies interpretiert. Die natürliche Annahme ist, dass dieses altruistische Verhalten im Erbgut gespeichert ist, dass es ein Produkt der Erfahrung vieler Ahnen ist, die in den Gruppen ihren Nachwuchs erfolgreich aufziehen konnten.

Altruistisches Verhalten findet üblicherweise nur in Gruppen statt. Nun sind die in einer Gruppe lebenden Tiere häufig mehr oder weniger miteinander verwandt, was den Soziobiologen als hinreichender Beweis dafür gilt, dass nur Verwandte die Begünstigten sind. Doch die Beobachtung der Verwandtschaft zwischen dienenden und begünstigten Tieren reicht als Beweis nicht aus. Es könnte sich nämlich auch um eine »nichtkausale Koinzidenz« handeln, also um ein Zusammentreffen von zwei Erscheinungen, die sich gegenseitig nicht bedingen. Vermutlich ist es so, dass die Gruppentiere sozial begabt sind, sich gruppendienlich verhalten und dass die Nutznießer von sozialen Aktionen die gerade anwesenden Tiere sind, ob es sich nun um Verwandte handelt oder nicht. Diese Frage ist für die Beurteilung der Soziobiologie von ausschlaggebender Bedeutung. Wenn die Verwandtenselektion nicht biologische Realität ist, dann ist auch den daran geknüpften Vorstellungen der Boden entzogen.

Um die soziobiologische Interpretation zu erhärten, wäre also ein Nachweis der kausalen Beziehung erforderlich. Nachgewiesen werden müsste, dass die Begünstigten altruistischen Verhaltens wenigstens in den überwiegenden Fällen tatsächlich Verwandte sind. Hierzu gehört vorab der Nachweis, dass die Tiere *erkennen*, wer verwandt ist und wer nicht. Es gibt jedoch durchaus Beispiele dafür, dass Tiere Verwandte nicht erkennen: Die Dohlen sind sehr gesellige Vögel, sie leben in Gruppen und brüten in Kolonien. Sie haben ein sehr originelles Verfahren zur Abwehr von Beutegreifern entwickelt. Wenn ein Beutegreifer irgendetwas schwarzes Flatterndes in den Fängen hält, wird er von der ganzen Dohlenschar mit Vehemenz angegriffen. Sie wollen einen Kollegen befreien und – so könnte man ihr Verhalten auslegen – damit erreichen, dass alle Räuber schwarze Vögel wegen lästiger Begleitumstände von ihrem Speisezettel streichen. Die Dohlen handeln instinktgesteuert, sie überlegen nicht. Sie können keine Betrachtungen darüber anstellen, ob und bis zu welchem Grad die gefangene Dohle mit ihnen verwandt ist. Konrad Lorenz behauptet, die Dohlen würden auch eine schwarze Badehose »befreien«, wenn sie geschüttelt wird und es wie Flattern aussieht.

Wir können Betrachtungen darüber anstellen, wie dieses Verhalten entstanden ist. Wahrscheinlich stammt es aus der Brutpflege. Es könnte eine Varietät von Vor-Dohlen gegeben haben, bei denen die Eltern einen Beutegreifer gewähren ließen und Nachwuchs verloren haben. Eine aggressivere Varietät hat ihre Brut verteidigt und war per Saldo erfolgreicher als die lässigen Vor-Dohlen. Die aggressivere Varietät hat die Verteidigung der Brut und später jedes Artgenossen ausgebaut und somit zu dem Verhalten geführt, das wir heute beobachten.

Die Dohlen liefern einen Nachweis dafür, dass Tiere den Begünstigten einer sozialen Aktion nicht als Verwandten wahrnehmen, sie greifen instinktiv an.

Bei vielen Säugetieren erkennen sich Mutter und Kind zuverlässig am Geruch. Dass es davon abgeleitet einen Gruppengeruch gibt, ist bei Ratten erwiesen und bei anderen Gruppentieren möglich. Es gibt große Rattenkolonien, bestehend aus vielen hundert Individuen, die einen hauseigenen Geruch entwickeln, der wie ein Pass akzeptiert wird. Wer falsch riecht, wird als Fremder erkannt und sofort exekutiert. Ratten sind sehr gruppenorientiert, sie helfen sich gegenseitig und kämpfen gemeinsam gegen Angreifer, bei denen es sich oft um Tiere eines benachbarten Clans handelt. Rattenmütter säugen auch einen verwaisten Wurf. Bei der großen Zahl von Ratten einer Kolonie ist eine mögliche entfernte Verwandtschaft so wenig wahrscheinlich, dass die gegenseitige Hilfsbereitschaft über sie nicht erklärt werden kann. Richtiger ist anzunehmen, dass das Erbgut, gespeist aus der Erfahrung von Tausenden von Generationen, zu einem gruppendienlichen Verhalten führte.

Die Soziobiologen glauben, aus den »Helfer-am-Nest-Gesellschaften« einen Beweis für die Verwandtenselektion herleiten zu können. Zum Beispiel helfen bei den Graufischern, einer Vogelart am Viktoriasee, juvenile Vögel dem Elterpaar bei der Aufzucht eines Geleges. Durch genaue Beobachtung wurde festgestellt, dass die Helfer zum Teil einer vorangegangenen Brut entstammen oder mit dem Elternpaar auf andere Weise verwandtschaftlich verbunden sind. Es ist dies eins von vielen Beispielen, nach denen statistische Erhebungen die Verwandtenselektion beweisen sollen. Es ist zu erwarten, dass juvenile Vögel, die sich in der Gegend aufhalten, Verwandte der Eltern des neuen Geleges sind. Durch das Schnabelaufsperren der neuen Brut könnten in den juvenilen Helfern brutpflegerische Impulse ausgelöst werden. Die Graufischer können nicht als Beweis dafür dienen, dass die Helfer die begünstigte neue Brut als Verwandte wahrnehmen.[1]

Die Warnrufe bei einer Reihe von Arten sind ebenfalls Gegenstand soziobiologischer Betrachtungen und dienen als Beleg dafür, dass die Warnenden die Gewarnten als Verwandte wahrnehmen. Warnrufe könnten den Warnenden selbst gefährden. Ein Vogel, der einer Katze ansichtig wird, wäre besser beraten, so wird argumentiert, still das Weite zu suchen, anstatt zu warnen, was die Katze eher auf ihn aufmerksam machen und ihn also gefährden könnte. Eher ist jedoch zu vermuten, dass das Warnen schlicht ein Reflex ist, der durch die Gefahr ausgelöst wird, selbst dann, wenn Verwandte nicht in der Nähe sind. Wer durch seinen Garten geht und eine Amsel erschreckt, hört immer den Warnruf.

Verwandte sind häufig in der Nähe, wenn altruistische Handlungen geschehen. Wirkliche Nachweise für eine kausale Beziehung gibt es bisher nicht.

Anmerkung

(1) Beschreibungen zu den »Helfern am Nest« finden sich u. a. bei Voland, 2000, S. 43 und 46; zu den Warnrufen auf S. 113 f.

Kapitel 10

Altruismus gegen Nicht-Verwandte ist weit verbreitet: Die Verwandtenselektion ist also kein biologisch wirksames Prinzip

Im letzten Kapitel habe ich gezeigt, dass die Verwandtenselektion gruppendienliches Verhalten nicht zu erklären vermag, weil die Individuen Verwandte zum Teil gar nicht als solche wahrnehmen bzw. bei Nicht-Verwandten gleiches Verhalten an den Tag legen.

Noch wichtiger für die Widerlegung der Verwandtenselektion ist allerdings folgender Umstand: Bei sehr vielen Arten begünstigen die altruistischen Gehilfen Gruppenmitglieder, mit denen sie nachweisbar nicht verwandt sind.

Die Erdmännchen sind tagaktive, sehr soziale Tiere. Sie leben in Südafrika in großen Kolonien in offenem Gelände. Sie gehören zu den Schleichkatzen. Sie sind etwa 30 Zentimeter groß und können aufrecht stehen. Sie sind eine Lieblingsbeute von Raubvögeln. Sie können sich gegen diese Feinde nur durch große Aufmerksamkeit schützen. Es sind immer einige Individuen als Wächter tätig. Sie blicken mit ihrem schnell drehenden Kopf um sich, wenn sie einen Feind sehen, geben sie einen hohen Alarmruf von sich, und sofort verschwinden alle Erdmännchen im Untergrund, um der Gefahr zu entkommen.

Die Wache wird von bestimmten Individuen übernommen. Zu den sozialen Diensten, die sie für die Gruppe ausführen, gehört aber nicht nur das Wachen, sondern auch die gemeinsame Aufzucht der Nachkommen. Alle beteiligen sich hieran, und zwar unabhängig von Verwandtschaftsverhältnissen. Die Jungen werden blind geboren, sie öffnen die Augen erst nach etwa zwölf Tagen. Der Anblick der hilflosen Kleinen scheint bei allen Erdmännchen den Brutinstinkt zu wecken.

Nach neuen Untersuchungen aus dem Jahr 2002 gibt es bei den Erdmännchen keine Verwandtenselektion. Es gibt Männchen, die selbst nicht zeugen, aber intensiv an den sozialen Aufgaben

beteiligt sind. Je größer die Gruppe ist, desto mehr Tiere können die Jungen füttern und Wächteraufgaben übernehmen. Je mehr Wächter es gibt, umso größer sind die Überlebenschancen der Jungen. Die Erdmännchen bilden also Gruppen, die in ihrer Gesamtheit der Selektion unterworfen sind. Die einzelnen Individuen zeigen gruppendienliches Verhalten. Die Gruppen sind stabil, soweit dies durch Beobachtungen feststellbar ist.[1]

Ameisen sind an sich eine Paradeart für die Soziobiologie. Die ideale Ameisengesellschaft ist einfach und übersichtlich aufgebaut. Es gibt eine Königin, die mit hinreichend Spermien für ihr ganzes Leben ausgerüstet ist und unablässig Nachkommen produziert, wenige männliche und weibliche geschlechtsfähige Individuen, aber sehr viele unfruchtbare weibliche Ameisen. Diese sterilen Tiere rackern ihr ganzes Leben und erhalten den Ameisenstaat am Leben; sie besorgen Nahrung, wehren Fremde ab, sind konstruktiv tätig, ernähren und pflegen die Königin und die große Zahl von Larven, von denen die meisten wieder Arbeiterinnen werden.

Nach dem sozibiologischen Credo haben auch die Arbeiterinnen ein individuelles Vermehrungsstreben, das aber wegen der Verkümmerung der Fortpflanzungsorgane nicht vollzogen werden kann. Warum plagen sie sich also, wo doch Frust ihr Schicksal sein müsste? Sie würden, so die Meinung, durch die Verwandtenselektion entschädigt. Alle Larven, die sie pflegen, seien ihre Schwestern, mit ihnen zu 75 Prozent verwandt. Sie arbeiteten also für ihr Erbgut, für diese 75 Prozent Anteil an den Genen der Larven.

Nun gibt es allerdings viele Ameisenarten, bei denen die Arbeiterinnen nicht mit den Larven verwandt sind, die sie pflegen. Die Feuerameisen in den USA, winzige, aber aggressive Tierchen, schließen sich zu sehr großen Einheiten, zu Superkolonien zusammen, in denen nicht eine, sondern mehrere Königinnen residieren. Die Arbeiterinnen sind also mit einer sehr großen Wahrscheinlichkeit mit den Larven, die sie gerade versorgen, überhaupt nicht oder höchstens sehr entfernt verwandt. Dieses System dürfte laut Soziobiologie gar nicht funktionieren. Aber es funktioniert bestens.

Bei den Blattschneiderameisen paaren sich die Königinnen mit vielen Männchen. Die Arbeiterinnen sind hier nur noch zu 25 Prozent mit den Larven verwandt. Trotzdem arbeiten sie fleißig und unverdrossen, obwohl sie bei eigener Zeugung einen viel größeren Anteil ihres Erbgutes hinterlassen könnten.[2]

Ein epochaler Sittenverfall hat sich in einer Kolonie von argentinischen Ameisen ergeben, die irgendwie nach Europa ausgewandert sind und hier die größte Superkolonie errichtet haben, die je beobachtet werden konnte. Sie erstreckt sich um die ganze Küste von Spanien herum bis nach Frankreich und Norditalien, sie ist 6000 km lang. Es handelt sich tatsächlich um eine einzige Kolonie: Wenn man Ameisen aus Italien nach Spanien zu einer dortigen Niederlassung bringt, werden sie nicht als Fremde getötet, wie es der Brauch wäre, sondern sie werden akzeptiert, als ob es das Normalste der Welt sei, und sie rackern gleich mit, wie es Ameisenart ist. Die Riesenkolonie beherbergt natürlich Abertausende von Königinnen. Es ist also nicht zwingend, dass eine Ameise eine Larve verpflegt, mit der sie verwandt ist. Den einzelnen Ameisen scheint dies völlig gleichgültig zu sein, und es ist nur vernünftig anzunehmen, dass sie gar nicht fähig sind, geschwisterliche von fremden Larven zu unterscheiden, geschweige denn irgendwelche Konsequenzen aus der getroffenen Unterscheidung zu ziehen.

Die Stellungnahmen der Forscher verraten Unsicherheit. Möglicherweise seien die Arbeiterinnen in eine Sackgasse der Evolution geraten, heißt es, und kämen da nicht mehr heraus. Offenbar bliebe ihnen nichts übrig, als dem Riesensystem zu dienen.

Ein anderer Forscher vermutet, es handle sich um eine Laune der Natur. Es könne aber nicht gut gehen, ob in 50 oder 1000 Jahren, irgendwann würden die ersten Arbeiterinnen auftauchen, die wieder selbst Nachwuchs hervorbringen könnten. Eine vage Voraussage zur Rettung des Prinzips?[3]

Es gibt Tiere, die ihre bereits verschluckte Nahrung mit anderen Mitgliedern derselben Tiergesellschaft teilen. Neben den Wildhunden und anderen sind dies auch die grundlos schlecht beleumundeten Vampire. Sie haben nichts gemein mit den Vampiren Hollywoods. Es sind kleine zierliche Fledermäuse, die nachts von weidenden Tieren Blut saugen, wie Mücken es tun. Die Weibchen leben in stabilen Gruppen, die aus mehreren Untergruppen bestehen. Innerhalb der Untergruppen ist die Verwandtschaft der Tiere eng, zwischen den Untergruppen aber ist die Verwandtschaft weitläufig.

Vampire müssen Nacht für Nacht Nahrung aufnehmen, um überleben zu können, Vorräte können sie nicht anlegen. Ein erfolgloser Vampir erhält nun von einem glücklicheren Artgenossen der gleichen Gruppe von Mund zu Mund so viel von dessen Beute, dass er wenigstens genügend Energie hat, den Tag zu überleben und in der nächsten Nacht wieder auf Jagd gehen zu können. Bevorzugt gefüttert wurden Tiere, mit denen der Spender oft zusammentraf, vielfach, doch keineswegs immer, sind das Verwandte.

Das artgemäße altruistische Verhalten ist gruppendienlich, es führt zu stabilen Gruppen; es ist beruhigend zu wissen, dass befreundete Individuen um einen sind, die einem in der Not helfen. Dieses Verhalten entspricht in etwa der Hilfsbereitschaft in menschlichen Gruppen.[4] Es widerspricht aber dem soziobiologischen Credo von der reinen Verwandtenselektion. Die bereits zitierten Autoren Wickler und Seibt schreiben hierzu:

> Es ist für das Individuum lebensbedrohend, im Notfall keine Blutspende zu bekommen, nicht aber, selber Blut zu spenden. Leistung und Gegenleistung ergeben also eine positive Bilanz, vorausgesetzt, es sind dieselben Individuen beteiligt. Deshalb ist solches Verhalten nach der »Wie Du mir, so ich Dir«-Regel gegenseitiger Hilfe (englisch = *tit for tat*) unter guten Bekannten zu erwarten.[5]

Dies ist nicht mehr und nicht weniger als ein Bekenntnis zur *Gruppenselektion*. In einer Gruppe ergeben Leistung und Gegenleistung eine positive Bilanz, was daran zu erkennen ist, dass die Gruppen erfolgreicher Nachkommen erzeugen als Einzeltiere. Selbstverständlich erzeugen Vampire in einer Gruppe schon deswegen mehr Nachkommen, weil sie länger leben. Dies ist einer der Gründe, denen Gruppen ihre Existenz verdanken.

Die Soziobiologen besinnen sich auf das *tit for tat* allerdings nur dann, wenn irgendein Phänomen beim besten Willen nicht mehr mit der Verwandtenselektion interpretiert werden kann.

Wie sind die soziobiologischen Beweise für die Verwandtenselektion zu bewerten? Erinnert sei in diesem Zusammenhang an den Grundsatz von Karl Popper, dass eine allgemeine Behauptung nicht durch unendlich viele zutreffende Beispiele bewiesen, aber schon durch ein negatives Beispiel widerlegt wird. Möglicherweise ist Karl Popper für eine Beweisführung in der Biologie zu streng. Die hier angeführten Beispiele sollten aber ausreichen die Annahme zu widerlegen, im Tierreich wäre die Verwandtenselektion ein formendes Prinzip.[6]

Die Verwandtenselektion ist eine hypothetische Vorstellung ohne Realitätsbezug. Sie soll nur eine verfehlte Grundannahme – das individuelle Vermehrungsstreben – mit den tatsächlichen Verhältnissen bei Gruppentieren kompatibel machen.

Tatsächlich ist das altruistische Verhalten von Gruppentieren evolutionär entstanden, weil sie in der Erzeugung von Nachkommen erfolgreicher waren als Einzeltiere.

Anmerkungen

(1) Zu den Erdmännchen: *National Geographic Deutschland*, Sept. 2002.
(2) Der Spiegel, 25/2000, S. 214, *Meuterer gegen die Königin* (unter Berufung auf Bert Hölldobler).
(3) Der Spiegel, 17/2002, S. 204, *Supermacht im Untergrund* (unter Berufung auf Laurent Keller).
(4) Gerald S. Wilkinson: *Blutspenden bei Vampiren*. Spektrum der Wissenschaft. 4/1990.
(5) Wickler/Seibt, 1991, S. 176.
(6) Ernst Mayr hat für die Biologie fünf Grundsätze aufgestellt, als Gegenkonzept zu Karl Popper:

»1.) Wissenschaftler machen in der ungestörten Natur oder während spezifisch ausgerichteter Experimente Beobachtungen, von denen einige durch gängige Theorien nicht erklärt werden oder allgemeinen Ansichten entgegenstehen. 2.) Aufgrund dieser Beobachtungen formuliert der Wissenschaftler Fragen nach dem Wie und Warum. 3.) Um diese Fragen zu beantworten, entwickelt der Forscher eine vorläufige Vermutung (conjecture) oder Arbeitshypothese. 4.) Um zu bestimmen, ob diese Vermutung zutrifft, unterzieht er sie einer strengen Prüfung, die entweder die Wahrscheinlichkeit erhöht, dass sie zutrifft, oder sie entkräftet; Prüfungen bestehen aus zusätzlichen Beobachtungen – vorzugsweise unter Benutzung anderer Strategien oder Wege – und sorgfältig geplanten Experimenten. 5.) Die schließlich gewählte Erklärung wird die Vermutung sein, die während der Prüfung am erfolgreichsten war.« (Mayr, 1998, S. 88f.)

Auch nach diesen Grundsätzen ist die Verwandtenselektion widerlegt; die Annahme eines artspezifischen, gruppendienlichen Verhaltens ist die erfolgreichere Erklärung.

Kapitel 11
Gruppeninterner Parasitismus

Es ist ein Merkmal von sehr vielen Arten sozial lebender Tiere, dass ein in Not geratenes Mitglied von anderen unter Einsatz des eigenen Lebens beschützt oder befreit wird, wie wir dies bei den Dohlen gesehen haben. Gegen äußere Feinde gibt es Kriege, wobei es sich bei diesen häufig um Gruppen der gleichen Art handelt, mit denen um Territorien gekämpft wird.

Dies gibt es beispielsweise bei Ratten, Löwen, Schimpansen und Menschen. Bei den Auseinandersetzungen zwischen Gruppen ist Charles Darwin zuzustimmen, der festgestellt hat, dass der Kampf ums Dasein am heftigsten zwischen Individuen und Varietäten der gleichen Art sei.

Besteht die Gefahr, dass in der Gruppe ein Parasitismus entsteht? In dem Buch »Gescheiter als all die Laffen« von Norbert Bischof findet sich hierzu folgender Passus:

> Man macht sich die Schwierigkeit [der Gruppenselektion; Anm. d. Verf.] am besten an jenen Verhaltensbereitschaften klar, die in Tiersozietäten eine Funktion analog der menschlichen Moral erfüllen insofern, als sie zwar der Gemeinschaft nützen, den Ausführenden selbst aber zwingen, auf egoistische Vorteile zu verzichten oder sich gar in Gefahr zu bringen. Als klassisches Paradigma gilt hier die Bereitschaft, seine Gruppe unter eigenem Risiko gegen Raubfeinde zu verteidigen. Was, wenn sich hier ein Individuum zwar von anderen beschützen lässt, seinerseits aber nicht bereit ist, auch selbst einmal in die Bresche zu springen? Offenkundig hätte es durch solches Verhalten einen Fortpflanzungsvorteil, und nach einigen Generationen würden seine Nachkommen die Population überschwemmt haben, ob das der nun gut täte oder nicht.

Bischof will mit diesen Überlegungen nahe legen, dass ein Zusammenschluss von Individuen zu einer Gruppe nicht stabil sein könnte. Irgendwann würden zentrifugale Kräfte die Gruppe funktionsunfähig machen. Beobachtungen zeigen, dass dies nicht geschieht. Warum nicht? Die Soziobiologen wissen wieso: Die Verwandtenselektion bringe durch gemeinsame genorientierte Interessen der Individuen Stabilität ins Gruppensystem. Wiederum verläuft hier die Argumentation nach dem bekannten Muster: Es muss doch einen Grund geben, warum das Erwartete nicht eintritt. Liegt der Fehler vielleicht in der Erwartung?

Parasitismus ist in der Natur weit verbreitet. Jeder Parasitismus kann eine bestehende Ordnung zerstören. Unschwer ist vorstellbar, dass es bei der langsamen Herausbildung von Gruppen auch Pannen durch Parasitismus gegeben hat und manche Ansätze zu Gruppen gescheitert sind. Nach den Prinzipien der Evolution haben jene Urgruppen sich behauptet, bei denen der Zusammenhalt ausgereicht hat, mehr Nachkommen zu produzieren, als es den verbliebenen Einsiedlern möglich war.

Die Annahme einer möglichen parasitären Entwicklung geht von der Voraussetzung aus, alle Merkmale von Individuen der Arten stünden bei entsprechenden Umweltumständen durch selektive Prozesse in gleicher Weise zur Disposition. Das ist aber nicht der Fall. Tatsächlich gibt es bei unterschiedlichen Merkmalen eine unterschiedliche Selektionsresistenz.[1] Das gruppendienliche Verhalten hat seit vielen Generationen die erfolgreiche Aufzucht der Brut ermöglicht, es ist das Erfolgsrezept. Daraus kann man auf die Selektionsresistenz des Gruppenverhaltens schließen. Es bedarf also nicht der soziobiologischen Idee der gengesteuerten Verwandtenselektion, um erklären zu können, warum in der Natur destabilisierende Gruppenprozesse nicht an der Tagesordnung sind.

Dabei möchte ich keinesfalls ausschließen, dass parasitäres Verhalten in Gruppen beobachtet werden kann. Die Entwicklung der Natur geht weiter. Vielleicht lässt sich irgendwann eine »Bestrafung« von tierischen Abweichlern nachweisen, so wie dies bei menschlichen Abweichlern geschehen ist. Mehr dazu in Kapitel 26.

Anmerkung

(1) Zu der ungleichen Manifestation von Merkmalen im Erbgut ist auf Rupert Riedls Buch *Die Ordnung des Lebendigen* zu verweisen. Er beschreibt an Beispielen, dass Arten ohne einen Selektionsschutz niemals überdauern könnten. Es gibt Absicherungen an verschiedenen Stellen des Genoms, das die Selektion wichtiger Merkmale ausschließt. Dies ist auch ein Hinweis dafür, dass die Selektion unidirektional ist (vgl. Riedl, 1975, S. 253 ff.).

Kapitel 12
Steht das Interesse der Art in Konkurrenz zu dem Interesse der Individuen?

Die Natur hat die Oberfläche der Erde erobert und mit lebendiger Materie bedeckt. In jedem Winkel, in dem es den chemischen und physikalischen Gegebenheiten nach gerade noch möglich ist, finden wir Organismen, an tiefen Stellen des Meeres, in Kratern von Vulkanen, in Höhlen, in denen ewige Finsternis herrscht.

Die Frage, warum es Leben gibt, ist nicht zu beantworten. Wir müssen uns mit der Erklärung zufrieden geben, dass die energetischen Abläufe in der Natur nach den Gesetzen von Chemie und Physik möglich sind. Es wäre überraschender, wenn diese möglichen Prozesse nicht stattfänden.

Am Beginn des Lebens standen autokatalytische Verbindungen, das heißt Stoffe, die sich selbst weiter produzieren konnten, nachdem sie einmal entstanden waren. Die Produktion konnte sich fortsetzen, solange die chemischen und physikalischen Umweltbedingungen dies zuließen. Wenn wir dies schon als Leben ansehen wollen, können wir sagen: Der lebendigen Materie wohnt die Tendenz inne, sich zu vermehren. Die chemischen Prozesse haben zu immer komplexeren Verbindungen geführt und zu unterschiedlichen Stoffen, die dann ihrerseits miteinander reagieren konnten.

Die Natur besteht aus einer unermesslich großen Zahl von Organismen. Jeder Organismus gehört einer Art an. Die Organismen einer Art sind durch einen sie definierenden Bauplan gekennzeichnet. Die Organismen der verschiedenen Arten kooperieren miteinander durch Stoffaustausch mit dem Ergebnis, dass wenigstens grundsätzlich die Tiere und Pflanzen aller bestehenden Arten an die zum Leben notwendige Energie gelangen können. (Sonst gäbe es sie nicht.)

Die Vielfalt der Organismen und die Kooperation zwischen ihnen haben zur Eroberung der Erdoberfläche durch belebte Materie geführt.

Die Individuen einer Art stehen häufig in einer Konkurrenzbeziehung zueinander. Es geht um Lebensraum, Geschlechtspartner und Nahrung. Einzelgänger wie Igel, Eisbären, Dachse, Maulwürfe und viele mehr verteidigen ihr Territorium mit äußerster Energie gegen Artgenossen. Hirsche, Rehböcke, Weidetiere generell und viele weitere Arten kämpfen verbissen um Weibchen. Die Individuen der Einzelgänger haben in den Millionen Jahren ihrer Existenz gelernt, sich unbedingt zu reproduzieren. Die Rücksichtnahme auf ihre Artgenossen kommt allenfalls an zweiter Stelle.

Inwieweit besteht hier ein Zielkonflikt: Muss die Art erhalten werden oder müssen die Individuen sich fortpflanzen?

Konrad Lorenz hat sich mit dieser Frage beschäftigt.[1] Zu dem territorialen Konflikt bemerkt er, dass das aggressive Verhalten gegen artgleiche Individuen mit Vorteilen für die Art verbunden ist. Jedes Stück Lebensraum für die Art wird optimal genutzt, wie der Raum in einem Korb, in den man Luftballons quetscht. Und wenn es nicht für jedes Individuum ein Territorium gibt, das zur Aufzucht von Nachkommen ausreicht? Dann ist dies ein Zeichen dafür, dass alle Ressourcen optimal genutzt sind. Die vertriebenen, meist jungen Individuen müssen auswandern und woanders ein Territorium suchen oder im nächsten Jahr einen neuen Versuch starten.[2]

Im Kampf um Weibchen kämpfen die Männchen bei vielen Arten erbittert gegeneinander.

Es geschieht aber nur gelegentlich, dass der Unterlegene verletzt oder gar getötet wird. Diese Kämpfe sind rituell so geregelt, dass der Unterlegene eine Chance zur Flucht erhält. Es ist einzusehen, dass eine Art in ihren Zukunftsaussichten unheilbar beeinträchtigt wird, bei der ein beherrschendes Männchen alle Konkurrenten umbringt. Der Herrscher wird alt und dann stehen keine Nachfolger parat, um für die Kontinuität der Art zu sorgen. Die Vererbung der rituellen Kampfregeln dient der Art und gewährleistet deren weiteres Bestehen.[3]

Konrad Lorenz hat beobachtet, dass miteinander kämpfende Hunde sich normalerweise nicht ernstlich verletzen. Wenn der Unterlegene dem Sieger seine Kehle darbietet, was als Zeichen des Aufgebens zu werten sei, kann der Sieger, fast gegen seinen Willen, nicht zubeißen. Die Beobachtungen von Lorenz werden nicht bestritten, aber seine Interpretation, es handle sich um eine *genetische* Hemmung, die *jeden* beliebigen Hund schütze, muss man heute infrage stellen. Wahrscheinlicher handelt es sich dabei um eine gruppeninterne Auseinandersetzung. Die Beobachtung ist aber in jedem Fall bemerkenswert.[4]

Es gibt stammesgeschichtliches Verhalten, das gegen die eigene Art gerichtet ist. Raubtiere fressen gelegentlich den Nachwuchs der eigenen Art. Ein Forscher hat einmal einen Hecht in einem Hecht in einem Hecht gefunden. Es gibt den Infantizid, das heißt, Tiere töten den nicht selbst gezeugten Nachwuchs. Hiervon wird noch ausgiebig die Rede sein. An die Aggressionen zwischen den Arten – Fressfeind und Opfer – haben wir uns gewöhnt. Die Opfer überleben als Art, wenn sie sich schützen können oder so viele Nachkommen erzeugen, dass sie die Verluste wenigstens ausgleichen können. Schaffen die Opfer das nicht, dann verschwindet ihre Art – und damit häufig auch der Fressfeind. Bei allen Beziehungen, die wir beobachten können, hat sich in der Regel ein Gleichgewicht eingependelt.

Ähnlich müssen wir die innerartliche Konkurrenz betrachten. Wenn die Tendenzen, die Art zu erhalten, nicht gewichtiger sind als die Verluste durch die innerartliche Konkurrenz, dann verschwindet die Art irgendwann. Sehr wahrscheinlich hat es Varietäten gegeben, die wegen innerer Konkurrenzen zu Grunde gegangen sind.

Zusammenfassend ist zu sagen: Arten erhalten sich. Es ist legitim zu fragen, welchen Umständen sie dies verdanken. Wenn Individuen gravierend gegen die Interessen der Art verstoßen, verschwindet die Art. Es gibt also nur Arten, deren Individuen nicht gravierend gegen die Interessen der Art verstoßen. Diese Aussage passt auch für Gruppentiere. Wenn Gruppentiere gravierend gegen die Gruppe verstoßen, verschwindet zunächst die Gruppe und danach die Art. Individuen und Gruppen sind – je nach der Art – Einheiten der Selektion. Die Bewährung der Einheiten der Selektion führen zu dem Bestand von Arten.

Der von der Soziobiologie aufgebaute Gegensatz zwischen dem Interesse der Art und dem Interesse der Individuen existiert nicht. Er entbehrt der Logik. Der gedankliche Fehler der Soziobiologie besteht darin, das Verhalten nach unüberprüfbaren Motiven und Antrieben zu sortieren und daraus Gegensätze zu konstruieren.

Richtig ist es, beobachtete Aktionen danach abzuklopfen, wann und wie sie zur Steigerung der Reproduktion beigetragen haben – das ist biologisches Handwerk.

Anmerkungen

(1) Lorenz, 1963.
(2) Norbert Bischof widerspricht Konrad Lorenz. »Konrad Lorenz hielt [...] irgendein Merkmal, wenn es denn ›arterhaltend zweckmäßig‹, also für die Gesamtpopulation nützlich war, auch im darwinistischen Sinne für erklärt. Die betreffende Tierart war eben im Kampf ums Dasein übrig geblieben, weil ihr jenes Merkmal einen Selektionsvorteil gegenüber allen mit ihr unmittelbar konkurrierenden Arten verschaffte.« (Bischof, 1991, S. 26) Es ist jedoch Lorenz, der Recht hat.
(3) Zu den Kämpfen: Neben K. Lorenz ist auch Eibl-Eibesfeld der Meinung, dass es sich meist um Kommentkämpfe im Interesse der Art handelt. Dies setzt voraus, dass die arterhaltende Selektion der individuellen Selektion übergeordnet ist. (Vgl. Wickler/Seibt, 1991, S. 100. Dort wird diese Überordnung bestritten.)
(4) Der Meinung von Lorenz zum »Halsdarbieten« widerspricht Erik Ziemen vehement. Es läge keine allgemeine genetische Sperre für den Angreifer vor, sondern es handle sich um einen gruppeninternen Zwist, wobei der ranghöhere Rüde in einem »Schaukampf« seine Halspartie darbietet um seine Überlegenheit zu demonstrieren. Konrad Lorenz soll, laut Ziemen, der neuen Interpretation schließlich zugestimmt haben (Ziemen, 1992, S. 335). Weitere Quellen hierzu sind mir nicht bekannt. Ich zitiere das »Halsdarbieten« mit Vorbehalt, neige aber zu der Interpretation von Ziemen. Artinterne, auch lebensbedrohende Kämpfe gibt es bei vielen Tierarten. Warum nicht bei Hunden?

Kapitel 13
Überlegungen zur Genetik –
Welche Informationen werden vererbt?

Eine der zentralen Aussagen der Soziobiologie, die Unmöglichkeit der evolutionären Entstehung von altruistischem Verhalten, sei hier noch einmal zitiert:

> Gruppenselektion impliziert notwendigerweise, dass einige Individuen ihre Lebens- und Reproduktionsinteressen zugunsten ihrer Gemeinschaft zurückstellen, sich also wahrlich genetisch altruistisch verhalten. Weder theoretische Überlegungen noch empirische Befunde lassen es jedoch als wahrscheinlich erscheinen, dass ein solcher Evolutionsmechanismus jemals zu Verhaltensanpassungen geführt hat. *Wie könnte sich ein Erbmaterial, das seinen Träger zur reproduktiven Einschränkung motiviert, in der Population ausbreiten?* [Hervorhebung d. Verf.][1]

Nun, es hat sich ausgebreitet, denn wir sehen ja Arten, die sich altruistisch oder sozial verhalten, zu denen übrigens auch wir Menschen gehören. Bei der Herausbildung von sozialen Eigenschaften ist alles mit rechten Dingen zugegangen. Um das zu erklären, ist es allerdings notwendig, etwas tiefer in das Verständnis genetischer Vorgänge einzudringen. Dies will ich im Folgenden versuchen.

Das Genom – die Gesamtheit der Informationen aller Gene eines Organismus – speichert unterschiedliche Arten von Informationen, die alle irgendwelchen Merkmalen zugeordnet sind. Statt von »Informationseinheiten« werde ich daher von Merkmalen bzw. von unterschiedlichen Merkmalsgruppen sprechen, die man wie folgt voneinander abgrenzen kann.

Gruppe A: Merkmale, die für die Art unerlässlich sind. Alle Individuen einer Art haben in ihrem Genom diese Merkmale gespeichert und im Phänotyp – dem einzelnen Wesen – verwirklicht.

Gruppe B: Merkmale, die die Individuen einer Art voneinander unterscheiden. Sie betreffen Körpergröße, Färbung, spezielle Begabung usw. Diese Gruppe kann man sich unterteilt denken in B1: Merkmale, die im Phänotyp verwirklicht sind, und B2: Merkmale, die im Genom gespeichert sind, also vererbbar sind, in dem speziellen Phänotyp aber nicht realisiert sind. Man spricht hier von rezessiven Merkmalen. (Diese Merkmale können übrigens verloren gehen, wenn sie lange nicht mehr in Phänotypen in Erscheinung treten konnten.)²

Gruppe C: Die Gesamtheit aller Merkmale der Gruppen A und B, das heißt des »Genpools«; dies sind alle Merkmale, die innerhalb eines geographischen Bereichs oder auf der ganzen Erde vorhanden sind und die bei entsprechender Partnerwahl in jedem Individuum der Art erscheinen können.

Die Merkmale der Gruppe B zweier sich paarender Individuen werden gemischt. Es gibt nahezu unendlich viele Möglichkeiten der Mischung von Merkmalen. Welche Merkmale bei den Kindern erscheinen, ist zufällig. Allerdings können Merkmale und Merkmalkombinationen der Gruppe B unterschiedlich gewichtet sein und hier kommt die Selektion ins Spiel.

Ein erfolgreicher Mix von Merkmalen wird vererbt. Wenn die Individuen einer Art schnell laufen können müssen, dann werden solche Individuen sich besser fortpflanzen, die tatsächlich das Merkmal »schnell laufen« bei der Gruppe B1 gespeichert haben. Wenn ein starker Selektionsdruck besteht, dann kann es sein, dass das Merkmal von der Gruppe B1 in die Gruppe A übernommen wird. Es ist ein Vorgang, der zu spezialisierten Tieren wie beispielsweise dem Gepard geführt hat. Er kann schnell laufen, und das auf sehr kurzen Strecken, um schnell laufende Weidetiere, beispielsweise Gazellen zu fangen. Wenn dieser Broterwerb nicht möglich ist, muss er verhungern, es sei denn, er lebt in einem Zoo.

Im Gegensatz dazu zeichnen sich die so genannten Generalisten durch eine große Variabilität an Phänotypen aus, sie besitzen also einen großen Vorrat an Merkmalen der Gruppe B. Bei den Generalisten hat eine Spezialisierung nicht stattgefunden, es sei denn, man würde den weiten Bereich an Möglichkeiten als eine Spezialität betrachten.

Es gibt in diesem Zusammenhang aber eine sehr interessante, der Selektion scheinbar entgegengerichtete Entwicklung: Wenn der Evolutionsdruck wegfällt, dann können Merkmale der Gruppe B2, die im Untergrund geschlummert haben, wieder auftauchen. Es ist, als ob nun der Luxus möglich geworden sei, Individuen großzuziehen und an der Fortpflanzung teilnehmen zu lassen, die vorher das Zeugungsalter nicht erreicht hatten und deswegen immer seltener aufgetreten waren. Häufig hat sich dann ergeben, dass gerade diese Individuen neue Arbeitsfelder erschließen und einen neuen evolutionären Schub begründen. So haben die Menschen ein breites Spektrum an Spezialbegabungen entwickelt, nachdem die körperliche Leistungsfähigkeit nicht mehr ausschlaggebend für das Überleben war.

Bei der Entstehung neuer Arten stehen auch Merkmale der Gruppe A einer früheren Evolutionsstufe derselben Art zur Disposition. Wenn aus Laufwerkzeugen wieder Flossen werden, wie bei Meeressäugern, dann bilden sich die Füße zurück und passen sich den neuen Erfordernissen an. Dies könnte bedeuten, dass an ein früheres Entwicklungsstadium wieder angeknüpft wird. Eindeutig ist dies der Fall bei dem Phänomen »infantiler« Individuen. Es entstehen Individuen, die durch »Regression« auf einen früheren Entwicklungsstand zurückfallen.

Auf die Bedeutung der Regression für die Entstehung neuer Arten hat Konrad Lorenz hingewiesen. Die Regression führt gelegentlich zu infantilen oder früheren Formen, die von dort aus zu neuen Entwicklungen führen können, die überraschend neue Anpassungen an die Umwelt ermöglichen.[3] Ein Beispiel für Regression sind unsere Hunde. Allerdings war hier nicht die natürliche Selektion am Werk, sondern die Selektion durch den Menschen als Züchter. Wir haben die Haushunde durch Jahrtausende lange Zucht völlig infantilisiert; sie sind heute häufig erwachsen gewordene mentale Babys.

Die besondere Rolle der Regression bei der Entwicklung von gruppendienlichem Verhalten wird in Kapitel 15 näher beleuchtet.

Ein großer Vorrat an Merkmalen der Gruppe B in einem engeren Gebiet und ein noch größerer Vorrat an Merkmalen der Gruppe C führt zu einer sehr große Variabilität, zu unterschiedlichen Phänotypen und weit gestreuten Begabungen. Dies war auch ausschlaggebend für den Erfolg von uns Menschen – ich verbessere mich – für unsere weite Verbreitung und unsere beachtliche zahlenmäßige Repräsentanz auf der Erde.

Darüber hinaus habe ich den Eindruck, dass auch viele andere sozial lebende Tiere sich durch eine große Variabilität und unterschiedliche Begabungen auszeichnen. Bei den Erdmännchen haben wir gesehen, dass es Individuen gibt, die gute Wächter sind, während andere die Erzeugung von Nachwuchs besorgen.

Anmerkungen

(1) Voland, 2000, S. 9.
(2) Die meisten frei lebenden Schimmelpilze enthalten mehrere Zellkerne, auf denen schier unendlich viele Merkmale kodiert sind, die sie normalerweise (über Hunderte von Generationen) niemals gebrauchen. Unter Extrembedingungen »erinnern« die Pilze sich der selten gebrauchten Merkmale, die dann das Überleben ermöglichen. »Höhere« Formen sind in ihrer Anpassungsfähigkeit reduziert.
(3) Lorenz/Leyhausen, 1968, S. 379; weiterhin: Eibl-Eibesfeldt, 1999, S. 364.

Kapitel 14
Wie die Selektion vor sich geht – Ein Beispiel für natürliche Selektion

Die nachfolgenden Diagramme zeigen den Kopfumfang, die Größe und das Gewicht einer statistisch repräsentativen Gruppen von neu geborenen Babys.[1]

Diagramm 1 stellt die Werte für den Kopfumfang dar. Jeder Stern steht für ein Baby.

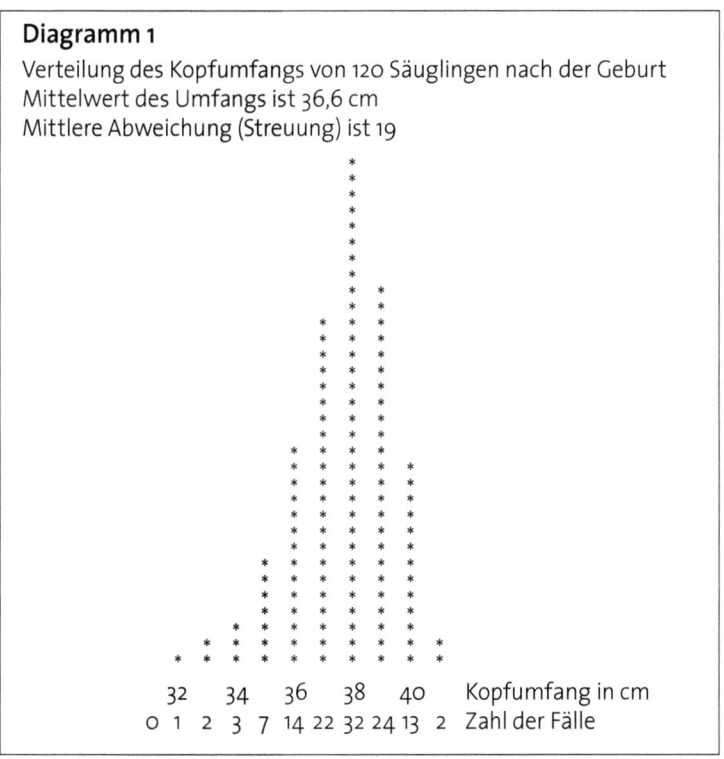

Das Diagramm zeigt eine für statistische Verteilungen typische *Glockenkurve*. Der Kopfdurchmesser aller Babys liegt zwischen

32 und 40 Zentimetern. Wenn man vereinfachend annimmt, dass die Köpfe einen kreisförmigen Querschnitt haben, dann variieren die Durchmesser in einem Bereich von weniger als drei Zentimetern.

Aus dieser Glockenkurve lässt sich entnehmen, dass ein Kompromiss zwischen zwei einander entgegengesetzten Tendenzen realisiert ist. Die Köpfe der Babys wurden in den letzten Millionen Jahren der Entwicklung immer größer, weil eine immer größere mentale Leistungsfähigkeit der Individuen verlangt war; klügere Menschen waren angepasster und kamen so mit der Umwelt besser zurecht als andere. Bessere mentale Fähigkeiten brauchen Platz, also mussten die Köpfe größer werden. Andererseits war ein zu großer Kopf ein Todesurteil: Kinder mit zu großen Köpfen konnten bei den ebenfalls evolutionär entstandenen Beckenmaßen der Frau nicht geboren werden; beide Partner, Mutter und Kind kamen ums Leben. Die Tendenz zu größeren Köpfen kam an eine kritische scharfe Grenze, die man an der rechten Flanke des Diagramms gut erkennen kann.

Dies ist ein Beispiel dafür, dass eine positive Entwicklungstendenz an Grenzen stößt. Es stellt sich ein Kompromiss ein, der für die Individuen ein Optimum darstellt: Intelligenz einerseits und nur geringe Verluste durch zu große Köpfe bei der Geburt andererseits.

Von geringerer Bedeutung als der Kopfumfang ist die Körperlänge der Babys. Sie schwankte bei der Untersuchung zwischen 46 und 58 Zentimetern, bei einem Mittelwert von 52 Zentimetern, wie aus folgendem Diagramm 2 zu sehen ist.

Man kann das Ergebnis nur so interpretieren, dass die Länge einem geringeren Selektionsdruck unterworfen war als der Kopfumfang.

Ein völlig anderes Bild als im Diagramm 1 ergibt nun die Glockenkurve der Werte für das Gewicht der Babys: Es lag zwischen 2000 Gramm und 5000 Gramm, und zwar mit einem Mittelwert von 3343 Gramm. Hieraus lässt sich schließen, dass das Geburtsgewicht von weit geringerer Bedeutung ist und nicht unter Selektionsdruck steht; Frühgeburten und Babys mit geringerem Gewicht können – so sie überleben – das Defizit in der Regel gut aufholen.

Diagramm 2

Verteilung der Länge von 120 Säuglingen nach der Geburt
Mittelwert der Länge ist 52 cm
Die mittlere Abweichung (Streuung) ist 25

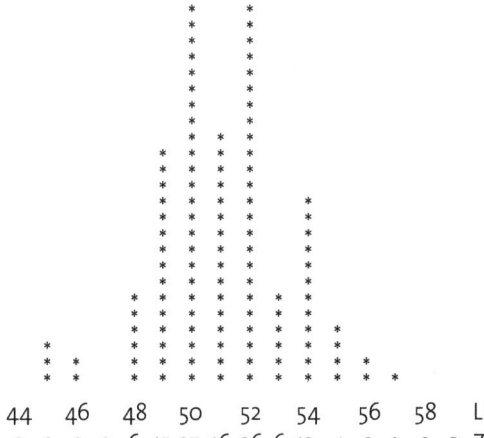

| 44 | 46 | 48 | 50 | 52 | 54 | 56 | 58 | Länge in cm |
| 0 | 3 | 2 | 0 | 6 | 15 | 27 | 16 | 26 | 6 | 12 | 4 | 2 | 1 | 0 | 0 | Zahl der Fälle |

Diagramm 3

Verteilung des Gewichts von 120 Säuglingen nach der Geburt
Mittelwert ist 3343 g
Mittlere Abweichung (Streuung) ist 562

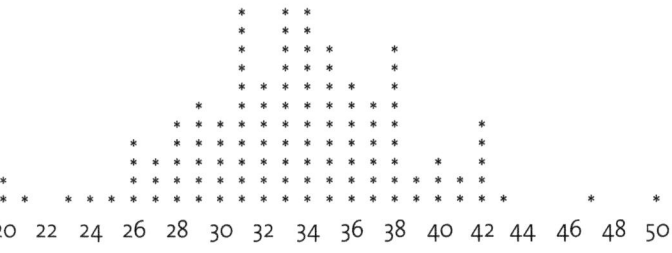

20 22 24 26 28 30 32 34 36 38 40 42 44 46 48 50
2 1 0 1 1 1 4 3 5 6 5 12 7 13 13 9 7 6 9 2 3 2 5 1 0 0 0 1 0 0 1

Obere Zeile: Gewicht in 100-g-Einheiten
Untere Zeile: Zahl der Fälle

Es gibt bei statistischen Auswertungen den Begriff *Standardabweichung* (auch *Streuung* oder *mittlere Abweichung* genannt); er ist mathematisch definiert. Wenn alle Proben, aus denen ein Mittelwert gewonnen wird, gleich sind, dann ist die Abweichung Null. Je größer die Streuung ist, umso höher ist dieser Wert. Die Standardabweichung der Kopfgröße errechnet sich zu 19, die der Babylänge zu 25 und die der Babygewichte zu 562. Der Unterschied ist markant.

Ich nehme an, dass in früherer Zeit, vor zwei bis drei Millionen Jahren, eine stärkere Selektion für schwere Babys bestanden hat. Die Babys mussten ganz schön robust sein, um die ersten Wochen und Monate zu überstehen. Sie waren vor Kälte nur durch die Arme ihrer Mütter geschützt. Zweifellos grassierten Krankheiten, die den Babys zugesetzt haben und die Sterblichkeitsrate war vermutlich entsprechend hoch.

Im Lauf der Geschichte hat sich die Versorgung der neu geborenen Babys fortlaufend verbessert. Das Selektionsmoment »gesunde, reife Babys« trat immer mehr in den Hintergrund. Die große Variationsbreite des Gewichts Neugeborener ist auf bessere Brutpflege zurückzuführen, die den Selektionsdruck von den Babys genommen hat. Die bessere Brutpflege ihrerseits ist sicher durch Lernprozesse und die kulturelle Weitergabe von Informationen zustande gekommen, die durch die größeren Köpfe ermöglicht worden ist.

Der wahrscheinlichste Fall für die Veränderung des Gewichts der Babys ist eine neue Gewichtung der Merkmale der Merkmalsgruppe B. Während früher zu leichte Babys früh starben und seltener die Geschlechtsreife erreichten, hat sich dies im Lauf der letzten 100.000 Jahre verändert. Es blieben nun die früher selten auftretenden kleinen Babys am Leben, was wiederum zur Folge hatte, dass bei den Elternpaaren, von denen ein oder beide Partner selbst kleine Babys waren, wieder vermehrt kleine Babys auftraten.

Generell kann gesagt werden:
Beim Wegfall von Selektionsdruck verbreitert sich die Glockenkurve. Es gibt mehr Variationen.

Anmerkung

(1) Die Daten über die Babys, auf deren Grundlage die drei Diagramme dieses Kapitels erstellt wurden, stammen von allen Säuglingen, denen die Tutzinger Hebamme Cornelia Schreiber im Jahr 1972 bei der Geburt behilflich war. Ihr gilt mein herzlicher Dank für die Überlassung ihrer Aufzeichnungen.

Kapitel 15
Die problemlose Entstehung stabiler Gruppen

Auf der ersten Seite seines Buches »Sociobiology« stellt Edward O. Wilson die Frage:

> Wie kann sich Altruismus, der per definitionem die persönliche Fitness reduziert, durch natürliche Selektion evoluieren?

Das kann erklärt werden. Viele Tiere leben in biologischen Gesellschaften, noch mehr sind Einzelgänger. Unter unseren heimischen Tieren sind beispielsweise Maulwürfe, Füchse, Dachse, Hasen und Raubvögel Einsiedler. Unter den Einzelgängern gibt es solche, die wenigstens zur Aufzucht des Nachwuchses kooperieren, und andere, bei denen sich die Verbindung zwischen den Geschlechtern auf die vorbereitende Kontaktaufnahme und die sich anschließende Kopulation beschränkt.

Es gibt viele verschiedene tierische Gesellschaften wie Herden, Horden, Rudel, Clans, Brutkolonien und Insektenstaaten, um nur einige Beispiele zu nennen. Diese Gesellschaften haben sich dadurch gebildet, dass vorher schon vorhandene Tiere sich zu Gruppen zusammengeschlossen haben. Das Verhalten von Arten, deren Individuen einzeln leben, muss also älter sein. Die ältere Lebensform der Einsiedler führte häufig durch abgrenzende Revierkämpfe dazu, dass sich die Individuen gleichmäßig über ein Habitat verteilten, dieses Habitat also optimal nutzten. Wenn neue Existenzformen sich aus älteren entwickelt haben, muss dieser Prozess sich vollzogen haben, ohne zu einer biologisch unbestrittenen Regel in Widerspruch zu stehen: der Verbesserung der Reproduktion.

Eine notwendige Bedingung für die Entstehung von Gruppen war also, dass die neue Existenzform zu einer größeren Zahl von Nachkommen pro Kopf führt, als die Einsiedler erzeugen konnten. Nur so konnte sich die neue Form der Existenz behaupten, sich anpassen und zu einer neuen Art werden. Mit anderen Worten: Die neue Gruppe musste mit der Umwelt besser zurechtkommen, als es der gleichen Zahl von Einsiedlern möglich gewesen wäre.

Ein großes Problem bei der Bildung von Gruppen war, dass die Individuen lernen mussten, sich gegenseitig zu ertragen, sich nicht mehr als böse Feinde wahrzunehmen.

Versuchen wir uns ein Szenarium vorzustellen, das zu einer Gruppenbildung geführt haben kann. In Ostafrika hat sich vor etwa 15 Millionen Jahren wegen nachlassender Niederschläge der Regenwald zurückgebildet. Es entstand die Savanne und mit ihr entwickelten sich Weidetiere, die von den Pflanzen der Savanne leben konnten. Gleichzeitig entstanden Beutegreifer, vielleicht die Vorläufer der heutigen Löwen und Hunde, die sich von dem Fleisch der Weidetiere ernährten.

Nehmen wir an, dass die Weidetiere oder deren Vorläufer zunächst Einsiedler waren, die in der sich langsam herausbildenden Savanne Territorien für sich in Anspruch nahmen. Wir können dabei von zwei Voraussetzungen ausgehen: Erstens brauchen Weidetiere praktisch keine Territorien mehr wie die klassischen Einsiedler. Sie suchten Weideland, wo sie es finden konnten. Zweitens können wir annehmen, dass es eine sehr gute Zeit für Weidetiere war. Die größer werdenden freien Flächen machten den Nahrungserwerb leicht. Der Selektionsdruck wurde geringer. Es konnten sich wieder Varianten bilden, die früher keine Chance gehabt hätten, das Reproduktionsalter zu erreichen.

Es könnte sich einmal oder öfter ergeben haben, dass irgendein junges Weidetier infantil blieb, sich anders benahm als andere damalige junge Weidetiere. Obwohl die mütterlichen Zitzen versiegt waren, weigerte es sich, die Mutter zu verlassen, es ließ sich nicht vertreiben. Es weigerte sich gewissermaßen, erwachsen zu werden und war eigentlich eine infantile Missgeburt, das Ergebnis einer Regression.

Das betrachtete infantile Weidetier blieb sogar weiter bei der Mutter, als es schon selbst Nachwuchs hatte. Begleitend müssen wir annehmen, dass es ausreichend Weidegrund gab. Das unerwartete Ergebnis der Anwesenheit des abartigen Sprösslings war, dass die entstandene Miniherde von den Beutegreifern gemieden wurde. Die Beutegreifer hatten gelernt, dass Muttertiere gelegentlich ihren Nachwuchs verteidigen, und zwei Muttertiere wehrhafter sind als eines; außerdem gab es schließlich noch genug Einzelgänger. Die Miniherde war erfolgreich, sie verlor weniger Jungtiere durch Beutegreifer. Die Tiere waren zufällig auf einen Vorteil gestoßen. Das Merkmal der Herdentiere, die Nähe von Artgenossen zu suchen, wurde durch die Umwelt herausgezüchtet, es ist durch Selektion entstanden. Die Einzelgänger waren schlechter dran, sie verloren mehr und mehr Junge durch die Beutegreifer und verschwanden. Die Nachkommen von den beginnenden Herdentieren waren demgegenüber nicht nur zahlreich, sie waren auch mehr und mehr geneigt, die Gesellschaft von Individuen der gleichen Art zu suchen. Ihr Verhaltensrepertoire wurde um den Herdentrieb erweitert.

Ich behaupte nicht, dass es sich so abgespielt hat. Ich möchte nur darlegen, dass es Szenarien gibt, nach denen sich zunächst Familien, dann Clans und schließlich anonyme Herden aus ursprünglichen Einzelgängern gebildet haben können. Tatsächlich leben sehr viele Weidetiere in Herden, so Pferde, Zebras, Gnus, Antilopen, Gazellen und Büffel. Einzelgänger geblieben sind eigentlich nur solche Weidetiere, die sich auf eine andere Art gegen Beutegreifer verteidigen können, Nashörner zum Beispiel sind wegen ihrer schlichten Größe unangreifbar.

Betrachten wir die Probleme, die das neue Verhalten der Weidetiere den Beutegreifern bereitet. Es gibt heute zahlreiche Beutegreifer wie Löwen, Geparde, Leoparden und Hyänen. Eine Art möchte ich herausheben, weil sie ein illustratives Beispiel für eine Tiergesellschaft ist: den afrikanischen Wildhund. Beutegreifer hatten es immer schwerer, ein Tier aus der Herde zu erwischen. Die Herdentiere hatten gelernt, sich gemeinschaftlich gegen Beutegreifer zu wehren und sie mit ihren Hufen zu verletzen. Einige Beutegreifer sind nun dazu übergegangen, einzelne Tiere von der Herde abzusprengen, sie zu isolieren und dann außerhalb der schützenden Herde durch einen gemeinsamen Angriff zu erledigen. Wildhunde sind Experten in diesem Verfahren. Jeder Versuch des gejagten Tieres zur Herde zurückzukehren wird durch ein fast strategisch zu nennendes Abschneiden des Rück-

weges vereitelt. Es ist ihre Antwort auf das gemeinsame Äsen der Weidetiere.
Wir können uns für die Hunde ein ähnliches Szenarium vorstellen wie für die Herdentiere. Ein infantiles Jungtier will sich von der elterlichen Familie nicht trennen und rennt einem Elterntier bei der Jagd hinterher. Natürlich steckt auch dem Jungtier die Jagd im Blut. Und es ergibt sich, dass das Jagdergebnis erfolgreich ist. Über Tausende von Generationen hat sich die gemeinsame Jagd so als Erfolgsmodell erwiesen, es war die Reaktion auf die Herdenbildung bei den Weidetieren. Man spricht bei einem solchen Prozess von Ko-Evolution: Beide Partner, Beute und Beutegreifer, entwickelten sich weiter, sodass bis heute während der ganzen Entwicklungszeit eine Waffengleichheit besteht.

Die Wildhunde sind aus einem weiteren Grund für unsere Betrachtung von besonderer Bedeutung: Sie leben in einer beeindruckenden, ausgefeilten gesellschaftlichen Organisation. Nur ein Teil der Tiere geht auf die Jagd und bringt im Magen Nahrung mit, die dann ausgewürgt wird. Die Übrigen bleiben zurück und versorgen und beschützen die Welpen.
Das Verhalten der Wildhunde hat zu dem Slogan geführt, sie hätten einen gemeinsamen Magen. Es sind nur wenige Hündinnen, die tatsächlich gebären; sie säugen alle Welpen der Gruppe, so dass bei dem Ausfall eines Muttertieres das Überleben der Nachkommen gesichert ist. Die hierarchisch höher stehenden Hündinnen und Rüden, die Alphatiere, kommen zur Zeugung.[1] Die weiteren Mitglieder einer Gruppe, die Gehilfen, nehmen an der Jagd teil, helfen bei der Aufzucht der Welpen und verteidigen das Territorium gegen andere Gruppen. Sie kommen selten in die Lage, ihrerseits zu zeugen oder zu gebären, wären aber dazu fähig, sollte die erste Garnitur verloren gehen. Das Wohlergehen der Gruppe hängt von den Gehilfen ab; ohne sie geht es nicht. Die Zweckmäßigkeit des Verhaltens ist offensichtlich. Die Welpen werden im sicheren Schutz von Gruppenmitgliedern zurückgelassen, sind also während der Jagd, die sich viele Kilometer vom Hort entfernt abspielen kann, nicht gefährdet. Es braucht nicht diskutiert zu werden, dass die Wildhunde als Einzeltiere der Gruppe weit unterlegen wären.

Anmerkung

Mit wachsender Dichte der Individuen einer Art kommt es immer zur Verknappung von Ressourcen. Josef Reichholf hat eine sehr gute Begründung dafür gegeben, dass Gruppen nach der reinen darwinistischen Lehre entstehen konnten und mussten: »Bei extremer Verknappung von lebenswichtigen Ressourcen, insbesondere von Großtieren, welche die Basis für den Lebensunterhalt bieten, stieg die innerartliche Konkurrenz stark an. Doch für das Überleben am besten geeignet erweisen sich unter solchen Extremsituationen nicht die besten Individuen, im Sinne des Darwin'schen *survival of the fittest*, sondern die am besten organisierten Gruppen. Denn nur die Gruppe kann das Überleben des Nachwuchses sichern.« (Reichholf, 2001, S. 278)

(1) Bei Gruppen ist es keineswegs so, dass immer die Alphatiere die erfolgreichsten Erzeuger sind (Fellendorf, Martin).

Kapitel 16
Genetische Überlegung zur Entstehung von Altruismus

Ich möchte an dieser Stelle noch einmal auf die Untersuchung aus Kapitel 14 zurückkommen. Diagramm 3 bildet die großen Gewichtsunterschiede bei neu geborenen Babys ab. Es war leicht nachzuvollziehen, dass die Glockenkurve deswegen breiter geworden ist, weil in der Entwicklung des Menschen ein bestimmter Selektionsdruck weggefallen ist und auch Säuglinge, die bei der Geburt weniger stark entwickelt sind, gut überleben können.

Unter den Wildhunden gibt es zwei verschiedene Aufgaben: als Alphatier Nachwuchs zu erzeugen oder als Gehilfe die Aufzucht zu ermöglichen. Für beide Aufgaben müssen die Tiere begabt sein. Bei der Verteilung der Babys auf die verschiedenen Gewichte waren die Eckpunkte der Glockenkurve »leicht« und »schwer«. Auch die unterschiedliche Begabung der Wildhunde lässt sich als Glockenkurve darstellen. Die Eckpunkte sind dann »begabt als Alphatier« und »begabt als Gehilfe«.

Die Glockenkurve mag irgendwann etwa symmetrisch gewesen sein. Da es in den Gesellschaften von Gruppentieren mehr Gehilfen als Alphatiere gibt, ist die Annahme berechtigt, dass das Maximum der Begabung mit der Ausprägung der Individuen als Gruppenbildner nach rechts, zu den Gehilfen hin verschoben ist. Ein erfundenes Diagramm soll dies anschaulich machen, wobei wieder ein Stern einem Individuum entspricht. Natürlich würde die hier angenommene Menge von Individuen für die Bildung von sehr vielen Rudeln ausreichen.

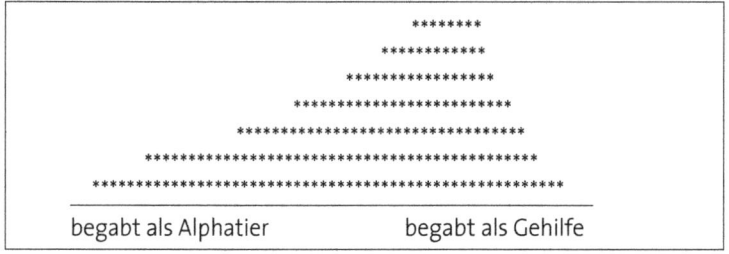

Eine solche Glockenkurve gibt es, auch wenn solche Untersuchungen noch nicht stattgefunden haben; von den Hundeartigen ist bekannt, dass sie eine große Variationsbreite nach allen möglichen Kriterien zeigen.[1]

Auch der Homo sapiens zeigt ein sehr weites Spektrum von unterschiedlichen Begabungen, die auch das Interesse an Sex und Reproduktion einschließen. Eine menschliche Gesellschaft, in der alle Männer Don Juans wären und von morgens bis abends nur das eine wollten, erschiene mir recht chaotisch; jedenfalls entspricht dies nicht unserer zwischenmenschlichen Erfahrung.[2]

Ähnlich ist es bei den Wildhunden. Ein Rudel aus lauter Alphatieren könnte nicht stabil sein. Unbestreitbar handelt es sich aber bei den Wildhunden um stabile Gruppen, was auf die »gesunde« Mischung aus Tieren der beiden Extreme zurückzuführen ist. Wenn die Hierarchie erst einmal etabliert ist, treten die Unterlegenen ins zweite Glied und übernehmen den Job als Helfer.[3]

Die Verteilung ist ein Merkmal der Art, das der Selektion unterworfen ist. Die Verteilung wird sich so einstellen, dass das Rudel als Ganzes eine optimale Zahl von Nachkommen hervorbringt. Damit ist das Rudel ein der Evolution unterworfener Organismus. Ich verkenne nicht, dass bei der gruppeninternen Kür des oder der Alphatiere der Zufall eine Rolle spielt, wobei viele Faktoren wie Alter und Position der Eltern von Bedeutung sind. Die Begabung ist aber ein wichtiger Faktor.

Die Gehilfen leisten nach der Nomenklatur der Soziobiologie einen »Verzicht« auf persönliche Nachkommen. Dieser Verzicht lässt das Rudel existieren. Die Überlegungen der Soziobiologie gehen davon aus, dass sich innerhalb des Rudels eine Hierarchie der Alphatiere etablieren würde, weil Alphatiere eben Alphatiere erzeugten. Diese Annahme ist falsch.

Angenommen ein Alphatier würde nur Alphatiere hervorbringen, dann hätte das Rudel nach wenigen Jahren keine Gehilfen mehr. Zudem würden die notwendig entstehenden Primatskämpfe die Gruppen schädigen. Das angenommene Alphatier hätte weniger Nachkommen als andere Alphatiere, die Nachkommen mit der üblichen Verteilung der Begabungen hervorbringen.

Die Weitergabe des Erbgutes geht von Alphatier zu Alphatier. Die immer mitproduzierten Gehilfen sind sozusagen »ausgelagerte Organe«, die den Reproduktionserfolg der Alphatiere ermöglichen. Der beschriebene Ablauf entspricht den bekannten Gesetzen der Evolution. Die Vorstellung, die Gehilfen seien verkappte Egoisten, die ihr eigenes Erbgut schützten und versorgten, ist nicht erforderlich, um den Ablauf zu verstehen und richtig einzuordnen.

Die Gene als Institution sind sehr flexibel und können verschiedene Phänotypen als Bauplan enthalten. Es gibt Beispiele dafür, dass es in einer Art zwei klar unterscheidbare Phänotypen gibt, was unter der Fachbezeichnung »disruptive Selektion« geführt wird. Ein Beispiel hierfür ist eine Finkenart (*Pirenestes ostrinus*), die in Kamerun lebt. Diese Finken gibt es mit zwei stark unterschiedlichen Schnäbeln – einem großen und einem kleinen Schnabel. Beide sind angepasst an spezielle Früchte. Die Kleinschnäbeligen Individuen ernähren sich hauptsächlich von weichen Samen. Die Großschnäbeligen haben sich auf das Knacken harter Samen spezialisiert. Finken mit einem mittelgroßen Schnabel könnten beide Samenarten nur unvollkommen knacken. Wenn man für die Glockenkurve die Schnabelgrößen als Eckpunkte betrachtet, ergibt sich eine Verteilung mit zwei Maxima:

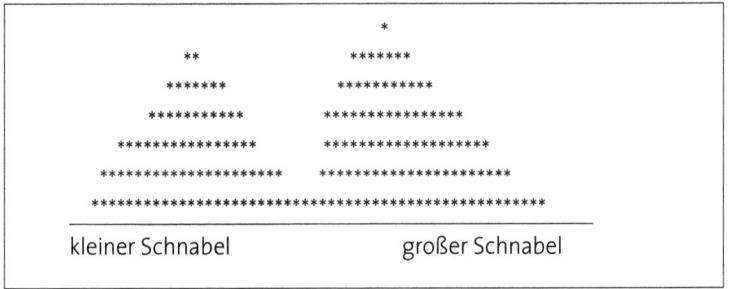

Auch diese Darstellung dient nur zur Erläuterung des Prinzips. Die Literatur enthält keine Angaben über die Mengenverteilung der unterschiedlichen Finken. Es gibt keinen Grund anzunehmen, es gäbe genauso viele Kurzschäbelige wie Langschnäbelige, weswegen die Maxima hier unterschiedlich hoch dargestellt sind.

Bei den Staaten bildenden Insekten hat ebenfalls eine Aufteilung in Phänotypen stattgefunden, beispielsweise bei den Ameisen in die zwei Phänotypen Königin und Arbeiterin. Ein Diagramm wäre sehr einfach: Ein Stern für die Königin stünde einer hohen und sehr schmalen Säule von Sternen für die Arbeiterinnen gegenüber, denn diese zeigen – auch unter Berufung auf den Augenschein – eine sehr geringe Diversität.

Auch hier gilt, was ich zu den Wildhunden gesagt habe. Die »Keimbahn« verläuft von Königin zu Königin. Die Arbeiterinnen sind »ausgelagerte Organe«, diese erzeugen zu können, ist ein Merkmal der Königin und damit ein Merkmal der Art. Königinnen, die viele und leistungsfähige Arbeiterinnen produzieren können, sind wegen des Arbeitspotenzials der Gehilfen in der Lage, auch viele reproduktionsfähige Individuen zu erzeugen. Die Selektion führt also auf dem Umweg über die »ausgelagerten Organe« zu einer großen Zahl von reproduktionsfähigen Individuen, so wie es den Regeln der Evolution entspricht.

Die Soziobiologie hat das nicht hilfreiche Schema Egoismus/Altruismus geschaffen. Nach diesem Schema wären die Gehilfen bei den Wildhunden und die Arbeiterinnen bei den Staaten bildenden Insekten wahrhafte »Altruisten«.

Zum Altruismus schreibt Eckart Voland in »Grundriss der Soziobiologie«:

> [Es] kann, nach allem was wir heute wissen, ausgeschlossen werden, dass das biologische Evolutionsgeschehen einen wahrhaft *genetischen Altruismus* [Hervorhebung d. Verf.] hervorbringen könnte – einen Altruismus also, der im Durchschnitt und auf Dauer zu einer negativen Fitnessbilanz des Altruisten führt. Dies widerspräche der eigenen Logik der Evolution genau so, wie die Entstehung eines egalitären,

nicht nach Verwandtschaft oder Erwiederungswahrscheinlichkeit differenzierten Altruismus.⁴

Zunächst: Die Gehilfen – seien sie dies konstitutionell wie die Arbeiterinnen im Ameisenstaat oder situationsbedingt wie der Nebenwolf in einem Rudel – haben keine genetische Fitness, denn sie reproduzieren nicht. Insofern könnte man E. Voland zustimmen. Er verkennt aber, dass der Altruist kein selbstständiges Individuum der Keimbahn ist; er ist kein Individuum, dem man ein individuelles Vermehrungsstreben unterstellen kann. Der Altruist beweist die Unhaltbarkeit der These, jedes Individuum habe ein Vermehrungsstreben. Er ist als »ausgelagertes Organ« über die Individuen, die ihn erzeugt haben, als Gehilfe Zuarbeiter für deren Fitness.

Bei den Staaten bildenden Insekten besteht eine ganz klare phänomenologische Trennung zwischen der Königin und den Gehilfinnen. Bei den Säugetieren und Vögeln, soweit sie Gruppentiere sind, ist eine Trennung zwischen reproduzierenden Individuen und den Gehilfen nicht möglich, der Übergang ist fließend. Aus diesem Grund und im Sinne einer einfachen und klaren Darstellung sollte man von *Gruppenselektion* sprechen: Die Gruppe als Ganzes (und nicht nur die reproduzierenden Individuen) sind der Selektion unterworfen.

Die Bedeutung von Gruppen geht über »Reproduktionsgemeinschaften« weit hinaus. Bei höheren Organisationsformen spielt die Arbeitsteilung eine immer größere Rolle, beim Homo sapiens ist sie zu einem der wichtigsten Gruppenmerkmale geworden. Der hier diskutierte Gruppenbegriff geht also weit über denjenigen von Wynne-Edwards hinaus, der ihn auf die restriktive Steuerung der Reproduktion beschränkt hatte.

Anmerkungen

(1) Erik Ziemen betont in seinem Buch *Der Hund*, dass bei den Hunden – zu denen bei E. Ziemen auch die Wölfe und Hybridformen gehö-

ren – eine erhebliche genetisch gegebene Diversität des Verhaltens besteht: »Dabei stellten wir nicht nur zwischen den vier Gruppen, sondern auch zwischen den Welpen innerhalb einer Gruppe große Unterschiede mit vielerlei Abstufungen fest.« (Ziemen, 1992, S. 249; siehe außerdem S. 274/276)
Jane Goodall hat ebenfalls von großen Verhaltens- und Charakterunterschieden zwischen ihren Schimpansen berichtet.

(2) Zu der Labilität von Gesellschaften, die nur aus Alphatieren besteht, fällt mir das Buch *Brave New World* von Aldous Huxley ein. Er erwähnt den Zusammenbruch einer solchen Gesellschaft.

(3) Die Trennung zwischen Alphatieren und Gehilfen ist fließend und die Unterdrückung von Gehilfen gehört mit zum System. Erik Ziemen schreibt von Wölfen, dass die Alphawölfin, wenn sie selbst Junge hat, Welpen von einer rangniedrigeren Wölfin tötet. Wenn eine Alphawölfin stirbt und die Rangordnung zwischen den verbliebenen Weibchen noch nicht geklärt ist, können mehrer Wölfinnen gebären. Wenn dann die Positionen festliegen, tötet die neue Alphawölfin gelegentlich die Welpen einer dann rangniedrigeren Wölfin. (Ziemen, 1992, S. 347)
Dieses Verhalten trägt zur Gruppenstabilität bei. Die Zahl der Welpen, die gut versorgt aufgezogen werden können, ist begrenzt. Es ist fast ein Verhalten nach Wynne-Edwards. Bei dem Infantizid könnte auch ein Atavismus aus der Vorzeit der Art eine Rolle spielen. (Kap. 19)

(4) Voland, 2000, S. 101 f.

Kapitel 17
Über die Entstehung von Arten

Es gibt eine Reihe von Phänomenen in der Natur, die nicht ganz leicht zu verstehen sind. Hierzu gehört der Infantizid, das bei einigen Arten geübte Töten von Kindern, die von dem Tötenden nicht selbst gezeugt sind. Die Soziobiologie sieht in diesem Verhalten einen Beweis für das individuelle Vermehrungsstreben, denn der Tötende kommt durch diesen uns unerfreulich erscheinenden Akt etwas schneller zu eigenen Nachkommen. Die von der Soziobiologie angebotene Erklärung – das Vermehrungsstreben der Individuen – vermag nicht so recht zu überzeugen, weil mit dem Infantizid eine Veränderung der Merkmale der Individuen der betreffenden Arten nicht verbunden ist.

Eine bessere Erklärung wird sich uns nach einem Blick in die Vorgeschichte der Arten erschließen, die Gegenstand dieses und des nächsten Kapitels ist.

In Kapitel 3 habe ich die Grundzüge der Darwin'schen Lehre mit den folgenden Worten dargelegt: Alle Tiere und Pflanzen sind keine genauen Kopien ihrer Eltern. Sie zeigen kleine Abweichungen. Diese Abweichungen sind meist belanglos, manchmal schädlich. Aber gelegentlich gibt es Merkmale, die zu Nachkommen führen, welche mit der Umwelt besser zurechtkommen, die an die Umwelt etwas besser angepasst sind als andere Individuen der gleichen Generation. Und diese besser angepassten, also vitaleren Tiere leben länger und können schon aus diesem Grund mehr Nachkommen erzeugen als ihre weniger gut ausgerüsteten Brüder und Schwestern. Ihre kleinen Variationen – es sind dies neue Merkmale – vererben sie an ihre Nachkommen, die dann gleichfalls etwas erfolgreicher sind als ihre Vettern und Kusinen.

So oder so ähnlich kann man das in allen Biologiebüchern lesen. In Wirklichkeit ist die Natur, ist das Leben erheblich komplizierter. Betrachten wir zunächst ein fertiges Tier und bedenken, dass alle Elemente, alle Fähigkeiten durch Evolution entstanden sind.

Ein Tier benötigt für seine Existenz Energie. Diese Energie steht nur in chemischer Form zur Verfügung. Es muss also energiereiche Stoffe aufnehmen, durch chemische Prozesse die Energie gewinnen, und die energieärmeren Reststoffe ausscheiden. Dieser Stoffwechsel spielt sich in den Verdauungsorganen ab, die wiederum recht komplex und schwer sind. Die Energie muss in den Muskeln in mechanische Energie umgesetzt werden, damit das Tier sich zu den Plätzen hin bewegen kann, wo es Nahrung findet. Das Tier braucht darüber hinaus Sinnesorgane, die es ihm ermöglichen, die Umwelt physisch wahrzunehmen. Schließlich benötigt jedes Tier ein Steuerungsorgan, damit es an den richtigen Stellen Nahrung sucht oder die richtigen Beutetiere jagt und selbst den Beutegreifern entkommen kann.

Noch einen Grad schwieriger stellt sich uns die tierische Existenz dar, wenn wir bedenken, dass die Tiere auch noch Nachwuchs produzieren müssen. Bei höheren Tieren kommen die Babys relativ unreif zur Welt und benötigen Fürsorge. Die Kinder brauchen oft eine spezielle Nahrung und sind in besonderem Maße der Gefahr ausgesetzt, von Raubfeinden verzehrt zu werden; zudem sind sie empfindlich gegen Überwärmung und Unterkühlung.

Das Arrangement, das wir staunend beobachten, besteht aus sehr vielen Elementen, die jeweils eine eigene Funktion erfüllen. Alle Funktionen müssen genau aufeinander abgestimmt sein, um das zu ermöglichen, was wir »Leben« nennen.

Arten entstehen häufig unter sehr günstigen Umweltbedingungen. Nach einer Klimawandlung oder nach der Eroberung eines Kontinents durch eine neue Landbrücke herrscht Überfluss, die Selektion tritt in den Hintergrund und alle entstehenden Varietäten können leben und sich fortpflanzen. Aber irgendwann kommt der Überfluss wegen Zunahme der Populationen an eine Grenze. Zudem haben sich auch die Fressfeinde ebenso erfolgreich vermehrt. Es beginnt eine Phase der Selektion, in der sich die Varietäten – beginnende Arten – immer weiter an die ökologischen Gegebenheiten anpassen.

Sollte es sich ergeben haben, dass es für eine entstehende Art von Vorteil ist, schnell rennen zu können – stellen wir uns vor, es handle sich um Pferde –, dann genügt es nicht, dass in einem kleinen Schritt die Beine länger werden: auch die Muskeln müssen stärker werden, der Kreislauf muss mehr leisten und das Tier braucht einen besseren Verdauungsapparat, der auch wieder schwerer ist. Die weiblichen Tiere müssen in der Lage sein, die größeren Babys zu gebären und wenn sie noch unreif sind, sie zu ernähren und zu beschützen. Jeder kleinste Fehlschlag, jeder zufällig entstandene Koordinationsfehler führt dazu, dass das Tier nicht leben kann und wenn es grade nur existieren kann, doch unfähig ist, Nachwuchs zu erzeugen.

Bei der Entstehung von Arten wird ausprobiert. Genauer sollte man sagen: Es probiert sich aus. Viele Variable, die in ihrer Gesamtheit ein Tier definieren, pendeln um ihren Ausgangswert. Es wird mit unzähligen kleinen Schritten in allen möglichen Richtungen ausprobiert, ob eine Kombination Vorteile bringt. Bei der Entwicklung zu einer neuen Art wird parallel in sehr vielen Individuen probiert. Irgendwann ergibt sich eine Kombination dieser Variablen in einer Varietät, die gut an die Umwelt, an die ökologische Nische angepasst ist und andere Varietäten, gemessen an der Zahl der geschlechtsreifen Nachkommen, überflügelt.

In der Evolution wird nicht gedacht. Für das Verständnis der Evolution ist es wichtig zu begreifen, dass es keine zwangsläufigen kausalen Entwicklungen gibt, der Zufall spielt eine große Rolle. Es können Formen entstehen, die schon in der ersten Generation scheitern, und andere, die einen vielversprechenden Weg einschlagen, aber im nächsten etwas kälteren Winter erfrieren.

Messgröße des sich abzeichnenden Erfolges einer Varietät ist die Zahl der pro Kopf erzeugten Individuen, soweit sie die Geschlechtsreife erreichen und selbst Nachwuchs erzeugen können. Die Zahl der Nachkommen ist ein Qualitätsmerkmal dieser Individuen, das als Fitness bezeichnet wird. Die Soziobiologie unterstellt den Individuen, sie wollten ihre Fitness maximieren. Die Individuen haben keinen solchen Freiheitsgrad. Es sind zufällige körperliche Ausgestaltungen – wozu auch das Verhaltensprogramm gehört – und der momentane Zustand der Umwelt, die für die Zahl der geschlechtsreif werdenden Nachkommen bestimmend sind.

Charles Darwin sagte, die Varietäten kämpften gegeneinander. Das ist nur insofern richtig, als lediglich eine Varietät übrig bleibt und die ökologische Nische besetzt, in der sich vorher alle getummelt haben. Wegen der Zufälligkeit der Ausgangsbedingungen der Individuen und wegen der Variabilität der Umwelt handelt es sich aber eher um eine Lotterie. Ebenso gut könnte man sagen, die Karten eines Kartenspiels, von denen eine gezogen wird, kämpften gegeneinander.

Die Entwicklungsmöglichkeiten von allen Arten sind durch die Gesetze der Physik und Chemie begrenzt. Es gibt Grenzen, die nicht mehr überschritten werden können, an die nur eine asymptotische Annäherung möglich ist. Ein Analogiebeispiel hierfür sind unsere menschlichen sportlichen Leistungen, die alle irgendwann einen Grenzwert erreichen.

Bei vielen Arten unserer Umwelt ist die Evolution zu einem gewissen Abschluss gekommen, wie dies an dem im Wesentlichen gleichen Erscheinungsbild von Tieren einer Art zu erkennen ist. Spatzen und Ratten gibt es auf der ganzen Welt, überall als solche erkennbar. Es mag sein, dass gelegentlich noch Optimierungsprozesse in einem besonderen Umfeld stattfinden und dass sich farbliche Nuancen in weniger zugänglichen Gebieten bilden können, die dann sogar als eigene Arten angesprochen werden. Ein Beispiel für die geographische Entstehung neuer Arten ist der Teide-Fink. Eigentlich ein Buchfink und als solcher noch erkennbar, hat er sich mit neuen Farbnuancen auf den Kanarischen Inseln zu einer neuen Art entwickelt.

Grundlegend neue Entwicklungen sind bei konstanten Umweltbedingungen wenig wahrscheinlich; die ökologischen Nischen sind verteilt. Dabei darf man aber nicht vergessen, dass wir – gemessen an den unvorstellbar langen Zeiten, in denen Arten sich gewandelt haben – nur eine sehr kleine Zeitspanne überblicken. Wir können daher nicht von stabilen, sondern nur von »metastabilen« Verhältnissen und Arten sprechen. Es sind durchaus Umstände denkbar, unter denen das Evolutionskarussell wieder in Schwung kommt. Wenn sich das Klima grundsätzlich verändert oder menschengemachte Radioaktivität sich ausbreitet, werden wieder neue Anpassungen an die dann neue Umwelt erforderlich. Zu den Umständen, die das Evolutionskarussell wieder zum Drehen bringen werden, rechne ich das Verschwinden der Art Homo sapiens. Bedauerlicherweise werden wir die dann stattfindenden hochinteressanten Entwicklungen nicht mehr beobachten können.

Wenn wir die Arten untersuchen, stellen wir fest, dass sie Verhaltensweisen beibehalten haben, die sie zum Erfolg geführt haben. Wenig überraschend ist, dass sie wie immer Nahrung suchen, Fressfeinde abwehren und ihre Kinder sorgfältig aufziehen. Bemerkenswert erscheint zunächst, dass sie das Konkurrenzverhalten gegen Individuen der gleichen Art beibehalten haben. Die Tiere verhalten sich nach einem Programm, das sich evolutionär entwickelt hat; es ist genau das Programm, das entscheidend dazu beigetragen hat, dass sie ihren Platz im Habitat gewinnen konnten; es war das Erfolgsrezept. Es ist kein Grund erkennbar, warum sie dieses Programm verlassen sollten.

Kapitel 18

Sekundäre Merkmale – Ein Blick in die Vergangenheit und eine biologische Erklärung für den Infantizid

Bei den bisherigen Überlegungen sind wir davon ausgegangen, dass irgendein günstiges Merkmal zufällig bei einem Individuum einer Art entstanden ist. Dieses Merkmal, so nahmen wir an, habe dem Individuum das tägliche Leben erleichtert. Es handelte sich um Merkmale wie höher springen und schneller laufen zu können, gegen bestimmte Krankheiten resistent zu sein, ein dickeres Fell gegen die Kälte zu haben oder ein ungewohntes Kraut besser vertragen zu können. Es sind Merkmale, die die Anpassung verbessern, vielleicht auch die Lebenszeit verlängern und somit zu einer größeren Zahl von Nachkommen im Vergleich zu den Individuen führen, die dieses Merkmal nicht aufweisen. Diese Art von Merkmalen möchte ich »primäre Merkmale« nennen.

Daneben gibt es aber eine weitere Gruppe von Merkmalen, die zur Verbesserung der Anpassung nichts beitragen. Es sind Merkmale, die ich »sekundäre Merkmale« nennen möchte. Diese sekundären Merkmale können als Geburtshelfer der primären Merkmale angesehen werden. Ein primäres Merkmal, das in einem Individuen zufällig erscheint, ist ein zartes Pflänzchen, das leicht untergehen kann, ohne dass das in ihm steckende Potenzial je zur Wirkung kommt. Die sekundären Merkmale begünstigen die Verbreitung von primären Merkmalen, sie beschleunigen die Entwicklung, so dass die primären Merkmale schneller ihre Wirksamkeit entfalten können.

Ein wichtiges sekundäres Merkmal ist die sexuelle Fortpflanzung. Bei der sexuellen Fortpflanzung hat jedes neu entstehende Individuum die Chance, von beiden Elternteilen neue Merkmale zu erhalten. Allerdings ist hierbei Folgendes zu bedenken: Betrachten wir ein sehr einfaches Vererbungsmodell. Jedes Individuum kann ein bei ihm entstandenes positives Merkmal nur mit einer Wahrscheinlichkeit von 50 Prozent an seine direkten Nachkommen weitergeben. Diese geben dasselbe Merkmal mit einer Wahrscheinlichkeit von 25 Prozent an ihre Nachkommen weiter. Das bedeutet, dass das Merkmal, so überzeugend es auch sein mag, mit jedem Generationswechsel mit verminderter Wahrscheinlichkeit realisiert wird und noch vor seiner Bewährung untergehen kann. Entscheidend besser sind die Chancen für das Merkmal, wenn sich zwei Partner zur Zeugung treffen, die beide dieses Merkmal aufweisen. Deren Nachkommen habe eine gute Chance, dieses Merkmal zu erhalten und die damit verbundenen Vorteile zu realisieren. Die Chance eines Merkmalträgers, auf einen anderen Merkmalträger zu stoßen, ist aber umso größer, je kleiner die Auswahl an Geschlechtspartnern ist. Günstig für die Entwicklung neuer Merkmale sind daher Familienverbände, das heißt Inzucht, der bei der Entwicklung neuer Merkmale kein negativer Beigeschmack anhaftet.

Außerhalb von Familienverbänden ist ein neues Merkmal trotz seiner Qualität sehr gefährdet. Eine wichtige Gruppe von sekundären Merkmalen bewirkt, dass die zur Zeugung gelangenden Partner einer Vorauswahl unterzogen werden, so dass die Wahrscheinlichkeit erhöht wird, dass zwei in der Anlage ähnliche Individuen zur Zeugung zusammentreffen. Die Merkmale, die in dieser Richtung wirken, können unter dem Oberbegriff »Abgrenzung« zusammengefasst werden. Die abgrenzenden Merkmale sind bei der Entwicklung der Natur von überragender Bedeutung, sie sind für die Artenvielfalt verantwortlich.

Ein wichtiges Beispiel für ein abgrenzendes Merkmal ist die »sexuelle Selektion«. Sie ist dadurch gekennzeichnet, dass sich ein Partner den anderen nach artspezifischen Kriterien auswählt. Solche Kriterien können Farbgebung, Gestalt, Präsentation durch eine Werbeveranstaltung, also Balzverhalten, das Anbieten von Nahrung oder eines Territoriums sein. Sehr oft präsentieren sich die Männchen und werden erhört, wenn sie dem im Stammesgedächtnis der Weibchen gespeicherten »Normbild« hinreichend gut entsprechen.

Die sexuelle Selektion kann sich auch auf ein primäres Merkmal beziehen, das also mit einem Anpassungswert verbunden ist. Es gibt nützliche Merkmale, wie den langn Hals der Giraffen. Es kann vermutet werden, dass dieser Hals dadurch so lang geworden ist, dass die Weibchen bei der Paarung die langhalsigen Partner vorgezogen haben und die kurzhalsigen häufig leer ausgegangen sind.[1]

Die Bedeutung der sexuellen Selektion ist so groß, dass das Werbeverhalten der Männchen gelegentlich ihre Überlebenschancen verringert. Die Balz der Auerhähne und Birkhähne, mit denen sie um die Hennen werben, machen sie zu einem idealen Ziel für Beutegreifer und Jäger. Sie sind so in ihre Veranstaltung vertieft, dass sie die natürliche Vorsicht darüber vergessen. Das Rad des Pfaus, bestehend aus überlangen reich verzierten Deckfedern der Flügel – eine reine Werbekulisse – ist dem Flugvermögen der Hähne sicher nicht förderlich.

Die Bedeutung der Abgrenzung durch sexuelle Selektion soll durch ein erfundenes Beispiel erläutert werden. In einem Habitat leben zwei Varietäten einer Art. Beide Varietäten erkennen die Zugehörigkeiten durch Farbgebung. Beide Varietäten zeigen primäre Merkmale, von denen es nützlich wäre, wenn sie in den folgenden Generationen häufiger in Erscheinung träten. Die erste Varietät hat ein sekundäres Merkmal entwickelt. Dieses sekundäre Merkmal besteht darin, dass die Weibchen als Paarungspartner die Männchen der eigenen Varietät bevorzugen. Sie befolgen ein einfaches Prinzip. Wenn der erste Partner, auf den sie zufällig treffen, der fremden Varietät angehört, lehnen sie ihn ab. Nachdem sie einmal einen Partner abgelehnt haben, nehmen sie aber beim zweiten Versuch jeden, auf den sie zufällig treffen. Den Weibchen der zweiten Varietät passt jeder Partner, unabhängig von der Zugehörigkeit zu einer Varietät. Wenn in jeder Generation – je nach der elterlichen Kombination – zwei Individuen zur Population hinzukommen, ergibt sich ein überraschendes Resultat: Die erste Varietät setzt sich überaus schnell durch. Wenn sie zu Beginn mit zehn Prozent der Individuen vertreten war und die zweite Varietät mit 90 Prozent, dauert es nur 56 Generationen, bis das Verhältnis umgekehrt ist; dann ist die erste Varietät mit 90 Prozent vertreten und die zweite mit zehn Prozent, den unmittelbaren Untergang vor Augen. Wenn zu Beginn des Versuchs beide Varietäten mit je 50 Prozent vertreten sind, dauert es nur 15 Generationen, bis die erste Varietät mit 90 Prozent an der Population beteiligt ist.

Es ist zu sehen, dass der sexuellen Selektion eine große Kraft innewohnt. Auch geringe differenzielle Verhaltensweisen, die tendenziell die eigene Varietät bevorzugen, führen schnell zur zahlenmäßigen Überlegenheit der entsprechenden Varietät.[2]

Neben der sexuellen Selektion gibt es weitere Abgrenzungsmerkmale. Bei einer Reihe von Arten, beispielsweise bei den Hirschen und den Seelöwen, kämpfen die Männchen um den Besitz der Weibchen, meist um ganze Harems. Es sind rituelle Kämpfe, der Unterlegene kann in der Regel fliehen.[3] Das Ergebnis muss der Abgrenzung zugerechnet werden; die Zahl der an der Zeugung beteiligten Tiere ist begrenzt und das begrenzende Merkmal ist die Kampfkraft des Bullen. Der rituelle Kampf kommt also zu einem ähnlichen Ergebnis wie eine Werbeveranstaltung.

Die allgemein verbreitete Vorstellung, der rituelle Kampf sei unerlässlich um den besten, gesündesten Bullen zum Zuge kommen zu lassen, damit gesunde Nachkommen entstehen, ist nicht überzeugend. Der rituelle Kampf ist ein atavistisches Merkmal der Abgrenzung. Es gibt viele Arten, bei denen sich die Paare sehr friedlich zusammenfinden, wie beispielsweise die monogamen Raben, und die trotzdem gesunde und lebenstüchtige Nachkommen hervorbringen. Verschiedene Arten haben eben verschiedene Methoden der Abgrenzung entwickelt.

Eine weitere Klasse von Abgrenzungsmerkmalen kann unter dem Begriff »Spermakonkurrenz« zusammengefasst werden. Bei unseren Hunden und allen Hundeartigen verbleibt der Penis noch eine Weile in der Partnerin, bis die Befruchtung möglicherweise abgeschlossen ist, was weitere Hunde nicht zum Zuge kommen lässt. Die Männchen anderer Tierarten hinterlassen einen Begattungspfropfen im weiblichen Genitaltrakt, der ebenfalls die Intervention der Spermien von weiteren männlichen Individuen ausschließt. Es gibt Arten, bei denen die Männchen die

Weibchen nach der Befruchtung bewachen und jeden weiteren Interessenten abwehren.

Zu den der Abgrenzung dienenden Merkmalen gehört auch der Infantizid. Bei einer Reihe von Arten töten meist männliche Individuen Kinder, die sie nicht selbst gezeugt haben. Der Infantizid ist verbreitet, es gibt ihn beispielsweise bei Löwen, Mäusen und Spatzen. Die Mutter der getöteten Kinder kommt sehr schnell wieder in eine fruchtbare Phase, wenn das Säugen bzw. die Brutpflege der getöteten Kinder entfällt.

Der Tötende begrenzt die Zahl entstehender fremder Nachkommen und wirkt so für die Verbreitung seiner eigenen Linie, ähnlich wie dies durch die sexuelle Selektion, die rituellen Zweikämpfe und die Spermakonkurrenz geschieht. Die Zahl der an der Verbreitung von Merkmalen beteiligten Individuen bleibt begrenzt.

Das Phänomen des Infantizids ordnet sich zwanglos in das bekannte Prinzip der Evolution ein, wenn man nicht aus den gegenwärtig beobachteten Abläufen einen aktuellen Zweck herleiten will, wie Eckart Voland es tut, wenn er schreibt:

> Das Phänomen des Infantizids ist wegen seines ausbeuterischen und artschädigenden Charakters in besonderem Maße dazu geeignet, die Prinzipien der Gruppenselektion und Arterhaltung in Frage zu stellen und stattdessen das genetische »Prinzip Eigennutz« zu verdeutlichen. [...] Wohl nicht zuletzt deshalb hat es gerade hierzu immer wieder heftige und teilweise leidenschaftliche Debatten gegeben. Nach neuestem Erkenntnisstand mit einer inzwischen beachtlichen Datenfülle [...] steht jedoch fest, dass Kindstötungen in vielen systematischen Gruppen und Populationen – von Insekten bis zum Menschen – zu den regulären »gen-egoistisch« evoluierten reproduktionsstrategischen Verhaltenstendenzen gehört und im Allgemeinen nicht als Ausdruck einer gestörten, aus dem Gleichgewicht geratenen Verhaltenssteuerung aufzufassen sind.[4]

Worin besteht der selektive Wert der Abgrenzung? Er erschließt sich uns nur durch einen Blick auf die Vorgeschichte der Arten.

Alle Arten, die wir heute beobachten, sind aus einer großen Zahl ähnlicher Varietäten hervorgegangen, die alle einer ähnlichen ökologischen Erwerbsquelle nachgegangen sind. Alle Varietäten waren Konkurrenten; aber nicht in dem Sinn, dass sie sich bekämpften. Die Konkurrenz ist vermutlich in sehr friedlichen Bahnen verlaufen. Die Varietäten haben sich durch irgendwelche Merkmale unterschieden. Wenn wir gedanklich einmal annehmen, dass auf der Ebene der primären Merkmale Chancengleichheit bestanden hat, dann haben kleine Verhaltensdifferenzen dazu geführt, dass sich eine Varietät im Lauf der Zeit durchgesetzt hat.

Diese Verhaltensdifferenzen waren unterschiedlich abgrenzend wirksam. Nur eine kleine Differenz, die Vorliebe für eine Farbnuance, und die Tendenz zu anspruchsvollen Weibchen konnten den Ausschlag geben.

Die Abgrenzung führt zu einer begrenzte Anzahl von Individuen, die durch Zufall auf ein selektives Merkmal gestoßen sind. Diese Minigruppe kann als Vorstufe einer Varietät angesehen werden. Sie wird sich später – wenn ihre abgrenzenden Fähigkeiten denen anderer Varietäten überlegen sind – zu einer Art mausern. Vermutlich gilt dies für sehr viele Arten, auch jene, die sich später nicht zu sozialen Kooperationen weiterentwickelt haben. Zu vermuten ist, dass alle die Arten, die sich durch markante äußere Merkmale von anderen Arten der gleichen Gattung oder der gleichen Familie unterscheiden, auf die hier angedeutete Art und Weise zu den artbestimmenden Merkmalen gelangt sind.

Offen bleibt die Frage, wie die Verhaltenstendenz zustande gekommen ist, von unterschiedlichen Erscheinungsmerkmalen bei der Wahl des Geschlechtspartners Gebrauch zu machen. Es bleibt die Antwort, die bei Überlegungen zu evolutionären Entwicklungen häufig herangezogen wird: Der Erfolg rechtfertigt nachträglich das zufällig zustande gekommene Verhalten. Diejenigen Individuen, die sich absonderten bzw. abgrenzten, standen wegen dieser zufälligen Verhaltenstendenzen am Beginn zur Entwicklung einer Art. Dies gilt auch für so merkwürdig anmutende Verhaltensweisen wie das Töten kleiner Babys.

Wie alle Merkmale, die sich bewähren, haben natürlich auch die der Abgrenzung dienenden Merkmale Eingang in das Erbgut gefunden. Das »Normbild«, das den Weibchen als Ideal bei der Wahl des Partners vorschwebt, ist im Erbgut gespeichert. Die Individuen der heute beobachteten Arten richten sich weiter nach dem Erfolgsrezept, das zu ihrem Obsiegen über die vielen anderen Varietäten geführt hat. Heute sind die Individuen, gegen die sie sich abgrenzen, aber nicht Angehörige einer anderen Varietät – die gibt es längst nicht mehr –, sondern Individuen der eigenen Art. Die Abgrenzung hat heute zur Folge, dass die Artgrenzen von den Individuen durch ihr Verhalten stabilisiert werden. Genetisch wäre die Entstehung von Hybridformen möglich, wie wir dies an Tieren beobachten können, die in Gefangenschaft gehalten werden. In der freien Natur sind sie überaus selten.

Heute beobachten wir Tiere, die den Zeugungspartner genau auswählen, Konkurrenten bekämpfen und deren Beteiligung an der Zeugung im eigenen Bereich mit allen Mitteln zu verhindern trachten. Es ist dies ein Verhalten, welches auf die beschriebene Weise zur Artenbildung bzw. Arterhaltung in das Erbgut gelangt ist und dem die Tiere folgen müssen, sie können nicht anders. Wenn man keine Überlegungen anstellt, wie dieses Verhalten entstanden sein könnte, ist der Schluss beinahe plausibel, das Verhalten sei Ausdruck eines individuellen Vermehrungsstrebens. Als Betrachter erleben wir dieses »Streben« so intensiv, wenn beispielsweise Vogeleltern bis zum »Umfallen« 16 Stunden am Tag für ihren Nachwuchs Futter herbeischleppen, dass wir geneigt sein könnten, eine »Systemeigenschaft der Natur« dahinter zu vermuten. Kritischer Überlegung hält diese Vermutung allerdings nicht stand.

Dieses Kapitel hat gezeigt, dass ein Verstehen der Natur aus den augenblicklichen Beobachtungen heraus nicht möglich ist. Die Bedeutung vieler Verhaltensweisen von Tieren und Menschen erschließen sich uns nur, wenn wir die Naturgeschichte in unsere Überlegungen einbeziehen. Schon Geheimrat Goethe wusste dies, wenn er formulierte: »Ganz allein durch die Aufklärung der Vergangenheit lässt sich die Gegenwart begreifen.«

Anmerkungen

Die angestellten Überlegungen gehen davon aus, dass die hier betrachteten heutigen Arten einen »metastabilen« Zustand erreicht haben, das heißt ein Plateau relativer Vollkommenheit, so dass man annehmen kann, dass unter konstanten Umweltbedingungen neue evolutionäre Schübe unwahrscheinlich sind. Solche Plateaus gibt es. Libellen gab es in ihrer heutigen Form schon vor 200 Millionen Jahren, Skorpione der heutigen Art gab es bereits vor 325 Millionen Jahren.

(1) Es ist umstritten, ob der lange Hals der Giraffen Ergebnis der sexuellen Selektion ist. Charles Darwin hat vermutet, dass in Notzeiten nur die Langhalsigen überlebt haben.

(2) Zu der Dynamik bei der Entwicklung von Arten vgl. Morsbach, 2001, Kap. 7.

(2) Rituelle Zweikämpfe können entgleisen; die Biologen unterscheiden zwischen Kommentkämpfern und Beschädigungskämpfern. Zum Thema »Abgrenzung« würde die Analyse der Kämpfe jedoch nichts beitragen. (Näheres dazu bei Eibl-Eibesfeldt, 1999, S. 465.)

(4) Voland, 2000, S. 186.

Kapitel 19
Passt die Verwandtenselektion zur biologischen Systematik?

Die Natur hat sich durch das Instrument der Selektion zu unserer heutigen belebten Umwelt entwickelt. (Eine weitere Überlegung könnte zum Gegenstand haben, dass die Selektion selbst ihre Existenz einem selektiven Prozess verdankt.) Es gibt kein Merkmal in der Natur, kein Merkmal an irgendeinem Organismus, das nicht auf einen selektiven Prozess zurückzuführen ist. Dies gilt auch dann, wenn wir von vielen Merkmalen, insbesondere von Verhaltensmerkmalen, nicht mehr so recht wissen, welchen äußeren Umständen sie ihre Existenz zu verdanken haben. Unser Vertrauen in das »Prinzip Evolution« ist so groß, dass wir einen selektiven Prozess ohne Weiteres annehmen:

Jedes Merkmal ist (irgendwann) durch Selektion entstanden.

Folgender Satz sagt das Gleiche aus:

Jedes Merkmal hat (irgendwann) eine Reproduktionssteigerung der Träger dieses Merkmals hervorgerufen.

Bei den primären Merkmalen ist die Richtigkeit der Sätze sofort einzusehen. Wenn das Merkmal in einer Tarnfarbe besteht, dann leben die Träger der Tarnfarbe länger und erzeugen in ihrer Lebenszeit mehr Nachwuchs. Besonders gut erkennbar ist dies bei Arten, die als Einsiedler leben und für die uneingeschränkt die »Individualselektion« gilt.

Aber auch bei den sekundären Merkmalen gelten die Sätze: Wenn eine Gruppe von Individuen durch »Abgrenzung« unter sich bleibt, diese also ihre Potenz der Erzeugung auf die Gruppe konzentrieren, dann erhöht sich die Reproduktion dieser Gruppe gegenüber den Individuen anderer Varietäten, die auf Abgrenzung keinen Wert legen. Ein Merkmal kann also in Verhaltensweisen bestehen, die abgrenzend wirken.

Der Ausdruck »Gruppenselektion« ist eine zusammenfassende Erklärung des Verhaltens von Tieren, die artspezifisch in sozialen Verbänden leben. Das gruppendienliche Verhalten realisiert sich bei allen Arten von Gruppentieren in unterschiedlichen Merkmalen.

Bei jeder Art von Gruppentieren ist an der Art und Weise des Gruppenverhaltens erkennbar, wie dieses den Reproduktionserfolg der Gruppe gesteigert hat. Bei den Erdmännchen wurden durch die Wächter die Verluste durch Raubvögel vermindert. Die Dohlen vermeiden Verluste durch gezielte gemeinsame Abwehr von Angreifern. Bei den Vampiren werden Verluste durch das Teilen von Nahrung minimiert. Bei den Hundeartigen hat es sich als zweckmäßig herausgestellt, wenige gesunde Welpen heranzuziehen als mehrere schlecht ernährte. Bei anderen, wie den Ratten und den Menschenaffen steht die Wehrhaftigkeit der Gruppen im Vordergrund. Bei den Staaten bildenden Insekten hat die grundsätzliche Aufteilung der Reproduktionsaufgaben auf verschiedene Phänotypen zu ihrer Überlegenheit gegenüber den Einzeltieren geführt.

Das verbindende Moment aller Gruppentiere ist, dass sie durch die Gruppenbildung reproduktive Vorteile genießen. Konkurrenten waren zunächst die Einsiedler. Nachdem sich die Gruppentiere zu neuen Arten entwickelt hatten, waren nicht mehr die einzelnen Tiere, sondern die Gruppen als Ganzes »Einheit der Evolution«.

Durch die Gruppenbildung ist das Prinzip der Evolution realisiert: *Die bessere Reproduktion setzt sich durch.*

Die Verwandtenselektion steht in Konkurrenz zur Gruppenselektion. Nur eine von beiden Interpretationen des sozialen Verhaltens von Tieren kann richtig sein. Der Verwandtenselektion sind keine artspezifischen Merkmale zugeordnet, wie dies bei der Gruppenselektion der Fall ist. Das die Verwandtenselektion herbeiführende Verhalten müsste also selbst ein artübergreifendes, grundsätzliches Merkmal sein. Wie könnte dieses Merkmal – immer wieder, und bei den verschiedensten Tierarten! – entstanden sein?

Wie eingangs dargelegt und kaum bestreitbar, war jedes Merkmal bei seiner Entstehung reproduktionssteigernd. Es ist unklar, wie das zur Verwandtenselektion führende Merkmal evolutionär entstanden sein könnte. Wenn zwei Varietäten einer Art sich dadurch unterscheiden, dass die einen zur Reproduktion nur mit Verwandten kooperieren, die anderen aber mit allen Artgenossen: Warum sollte die erstere Varietät zu mehr Nachkommen führen als die zweite? Wenn das nicht nachgewiesen wird – und man könnte dies experimentell nachweisen, wenn es so wäre! – steht die Verwandtenselektion im Widerspruch zu den Grundprinzipien der Evolution.

Es wäre denkbar, die von der Verwandtenselektion in Anspruch genommenen Phänomene der Abgrenzung zuzuordnen. Nach dem Selbstverständnis der Soziobiologie beschränkt sie sich auf sozial lebende Tiere; das Prinzip der Abgrenzung hat demgegenüber generelle Aspekte. Doch unabhängig davon sind nicht Phänomene Diskussionspunkte dieses Buches, sondern deren Interpretationen, deren Einordnung in ein möglichst klares und übersichtliches Bild der Evolution und damit des Lebens.

Die Verwandtenselektion liegt so sehr außerhalb der Systematik der Biologie, dass eine besonders kritische Untersuchung des Umstandes angebracht wäre, der zur Forderung nach ihr geführt hat. Dieser Umstand ist das »individuelle Vermehrungsstreben«. Die Tatsache, dass dieses Vermehrungstreben nur mit der Chimäre »Verwandtenselektion« am Leben erhalten werden kann, disqualifiziert es. Auf beide muss verzichtet werden.

Kapitel 20
Historische Epochen der Evolution

Die Natur hat sich nicht als ein zäher, unstrukturierter Brei durch die Hunderte von Jahrmillionen gewälzt. Es gibt durchaus Strukturen, die man als gegeneinander abgegrenzte Epochen bezeichnen kann. Jede neue Epoche zeichnet sich durch irgendein Moment aus, das neue Perspektiven eröffnet und neue Entwicklungen ermöglicht.

Eine generelle Tendenz ist unverkennbar: Die Entwicklung geht von kleinen Einheiten zu immer größeren, komplizierteren Einheiten. Am Anfang vermuten wir autokatalytische chemische Prozesse, also Vorgänge auf molekularer Ebene. Die miteinander reagierenden Moleküle wurden größer und komplizierter. Es folgten die Zellen, die sich durch Teilung vermehren konnten. Als nächsten Schritt können wir Zusammenballungen von Zellen annehmen sowie den Beginn von Arbeitsteilung zwischen den Zellen, der darin bestanden haben kann, dass die außen liegenden Zellen einen Schutz der weiter innen liegenden Zellen übernommen haben. Aus den Zusammenballungen von Zellen sind recht komplizierte Pflanzen und Tiere entstanden.

Jede neue Epoche entwickelt neue Methoden und setzt alte Methoden außer Kraft. Der Zusammenschluss von Zellen zu Pflanzen und Tieren hat die Zellen dem neuen Organismus untergeordnet.

Die Entwicklung der Natur schreitet fort. Wir erkennen, dass es keine sich wiederholenden Abläufe gibt. Jede weitere Epoche baut auf der vorangegangenen Epoche auf. Unverkennbar ist: Die neuen Organismen sind komplizierter. Die miteinander in Stoffaustausch stehenden Arten, Beute und Beutegreifer, durchlaufen gemeinsam Evolutionsprozesse, einerseits um sich zu schützen, andererseits um die Schutzmaßnahmen zu überwinden.

Die Existenz von Arten, deren Individuen sich feindlich gesonnen sind und dadurch eine optimale Verteilung von Territorien erreicht haben, sind einer Epoche zuzurechnen. Die »Einsiedler« waren bei der Vermehrung auf sich selbst gestellt.

Wenn es so etwas wie das »individuelle Vermehrungsstreben« tatsächlich gäbe, dann könnte man es den Einsiedlern noch am ehesten unterstellen.

Eine weitere Epoche muss der Bildung von Gruppen zugerechnet werden. In der Behauptung gegen eine sich weiter entwickelnde Umwelt hat sich die Kooperation von Individuen als eine nützliche Methode entwickelt, mehr Nachkommen zu produzieren, als dies den Einsiedlern möglich war. Diese Epoche fügt ein weiteres Glied nahezu logisch an die Entwicklung der Natur an. Bemerkenswert ist, dass sich der Schritt zur Bildung von Gruppen mehrfach vollzogen hat – sowohl bei den Wirbeltieren als auch bei den Insekten.

Es ist wenig hilfreich und verkennt die Logik der Entwicklung, die Gesetzmäßigkeiten der Epoche der Einsiedler auf die Epoche der Gruppentiere anzuwenden, so wie dies die Soziobiologie seit mehr als 40 Jahren versucht.

Kapitel 21

Wie kommen Tiere zu ihren Entscheidungen?

Das individuelle Vermehrungsstreben als Zentrum aller biologischen Betrachtungen führt zu belustigenden Blüten. Zu dem soziobiologischen Generalthema zitiere ich gerne einen Absatz aus dem Buch »Im Egoismus vereint?« von Kurt Kotrschal:

> Der Eindruck vom fröhlich singenden Vogel, der den Tag in harmonischem Naturgenuss verbringt, ist grundfalsch. […] Der […] Vogel hat andere Probleme, er muss aufpassen, nicht zu verhungern und nicht selber gefressen zu werden, muss zum richtigen Zeitpunkt einen Partner finden, muss zu anderen Zeiten oft über weite Strecken in der richtigen Richtung ziehen, und das alles, um in seiner oft nur kurzen Lebenszeit Nachkommen zu hinterlassen. Da das Angebot an Nahrung und Geschlechtspartnern begrenzt und daher der Konkurrenz unterworfen ist, da unterschiedliche Nahrungsquellen sich nicht nur im Angebot unterscheiden, sondern auch im Raubfeind- und Konkurrenzdruck, und der Tag schließlich nur 24 Stunden hat, sind Tiere gezwungen, äußerst ökonomische Entscheidungen zu treffen, sonst passiert ihnen ganz analog zu einem schlecht organisierten Wirtschaftsunternehmen der Bankrott, also ein vorzeitiger Tod oder ein Leben ohne Nachkommen, was evolutionär betrachtet ein So-gut-wie-tot-Sein bedeutet.[1]

Der Text ist absurd. Der Vogel ist kein Manager mit großen Entscheidungsfreiräumen und einem definierten Ziel. Im letzten Satz verrät uns Herr Kotrschal eine wichtige Konsequenz des individuellen Vermehrungsstrebens: Wenn ein Tier keine Nachkommen hat, wenn also sein Streben erfolglos geblieben ist, dann wäre das »So-gut-wie-tot-Sein«. Hier kommen irrationale menschliche Gefühle ins Spiel, deren Ursprünge man im Besitzbürgertum des abendländischen Kulturkreises suchen kann. Solche Überlegungen mögen in belletristischen Büchern

angeboten werden, in der Naturwissenschaft sind sie fehl am Platz.

Was ist demgegenüber biologische Realität? Wie hat sich die Bewegungssteuerung von Tieren entwickelt? Es gibt automatische, rein reflektorische Steuerungen wie zum Beispiel bei Fleisch fressenden Pflanzen. Alle denkbaren Kombinationen von Eingangssignalen führen immer zu einer genau definierten Handlung. Eine direkte, automatische Steuerung wäre bei sich frei bewegenden Tieren wegen deren großer Zahl von Eingangssignalen und unterschiedlichen zu steuernden Bewegungsabläufen nicht vorstellbar. Wir sehen, dass in den Tieren Entscheidungen fallen; die sich ergebenden Handlungen führen aber im Wesentlichen zu den uns bekannten Ergebnissen.

Das tierische Verhalten setzt sich aus vielen einzelnen, in sich abgeschlossenen Handlungsszenen zusammen, die von äußeren oder inneren Signalen ausgelöst werden. Ein verfolgter Hase schlägt Haken, Vogeleltern suchen nach Nahrung, wenn sie aufgestellte Schnäbel sehen.

Davon abgesehen besteht ein begrenzter Freiraum für individuelle Entscheidungen. Im Lauf der Evolution vergrößert sich der individuelle Freiraum; die anfänglichen Entscheidungen können wir uns unvollkommen vorstellen. Die Ergebnisse der Entscheidungen sind jedoch einer Kontrolle unterworfen: Die Tiere, die dazu neigen, schlechtere Entscheidungen zu fällen als andere Artgenossen, haben weniger Nachkommen und gehen irgendwann unter. Vererbt werden die Tendenzen zu lebenserhaltenden und zu Nachwuchs führenden Handlungen. Wir erkennen hier das Prinzip der Evolution: Variationen werden der praktischen Bewährung unterworfen. Was gut ist, was zu geschlechtsreifen Nachkommen führt, wird genetisch weitergereicht und bleibt erhalten.

Ein Tier kann nur »ad hoc« Entscheidungen treffen, die aus der augenblicklichen Situation heraus entstehen; so zum Beispiel ob es besser ist, die Flucht zu ergreifen oder eine geahnte Gefahr zu ignorieren. Ein liebestoller Rüde muss entscheiden, ob er den Eingang zum Haus einer läufigen Hündin verlassen soll, wenn die Gefahr besteht, von einem stärkeren Konkurrenten verletzt zu werden. Auch hier gilt: Gute Entscheidungen führen zu Jungen, die später selbst gute Entscheidungen fällen können.

Bei der Entwicklung der Hominiden zu uns Menschen hat sich ebenfalls der Freiraum für individuelle Entscheidungen vergrößert und damit die intellektuelle Fähigkeit herausgebildet, gute Entscheidungen zu treffen. Allerdings hat sich der Einfluss der biologischen Kontrolle mehr und mehr verringert. Grobe Fehlentscheidungen werden bei uns nur im geringen Maße dadurch reduziert, dass sich die fehlbaren Individuen nicht fortpflanzen. Es gibt heute Korrekturen auf der Basis der Kultur, von der man sagen kann, sie sei eine neue Epoche des Lebens.

Tiere können nicht strategisch denken. Die heute beobachteten Verhaltensweisen sind in einem sehr engen Rahmen Merkmale der Art, die sich in sehr vielen Generationen »ausprobiert« und vermutlich vor langer Zeit etabliert haben, als die heutigen Arten nur eine unter vielen Varietäten waren. Das artgerechte heutige Verhalten als »Strategie« zu bezeichnen – eine von Soziobiologen geübte Ausdrucksweise – ist missverständlich.[2]

Die artgerechten Verhaltensweisen sind an spezielle Umweltbedingungen angepasst. Die Tiere versagen bei gravierenden Umweltveränderungen. Im Laufe anhaltender Evolutionsprozesse sind indes Tiere entstanden, die sich in einem sehr weiten Bereich, nahezu erfinderisch, den verschiedensten Umweltsituationen anpassen können. Hierzu gehören unter anderem Ratten, Wölfe, Raben und Menschen. Die evolutionär gewonnene Lernfähigkeit ermöglicht es, Erfahrungen zu machen und das Verhalten danach auszurichten. Erfahrungen dieser Art werden nicht mehr genetisch, sondern kulturell weitergegeben.

Nach soziobiologischer Auffassung aber sollen die Tiere die Interessen der Gene berücksichtigen:

> Dabei behalten wir im Gedächtnis, dass über jede Handlung der Vorteil entscheidet, der identischen Genen in mehreren Individuen insgesamt erwächst.[3]

Ein Mythos abseits jeder Plausibilität.

Anmerkungen

Mehr zu dem Thema dieses Kapitels findet sich bei Morsbach, 2001, S. 186–200.

(1) Kotrschal, 1995, S. 91.
(2) Strategie: »Der Entwurf und die Durchführung eines Gesamtkonzepts, nach dem der Handelnde ein bestimmtes Ziel zu erreichen sucht.« (*Meyers großes Taschenlexikon*, 1987) Ein solches Vorgehen kann man weder den Arten noch tierischen Individuen unterstellen.
(3) Wickler/Seibt, 1991, S. 177.

Kapitel 22

Beispiele aus der soziobiologischen Literatur – Konflikte zwischen Eltern und Konflikte zwischen der Königin und ihren Ameisen

Aus dem bereits zitierten Glaubenssatz geht hervor, was die Soziobiologie anstrebt:

> Es geht [...] um die Frage, warum sich das Vermehrungsstreben der Individuen (das als gegebene Systemeigenschaft des Lebens aufgefasst wird) *gerade in den jeweils vorgefundenen und keinen anderen sozialen Verhaltensäußerungen niederschlägt.* [Hervorhebung d. Verf.][1]

Sie strebt also an, mit Beobachtungen und theoretischen Beispielen das individuelle Vermehrungsstreben zu bestätigen.

Der Satz schränkt das Arbeitsgebiet soziobiologischer Forschung so ein, dass neue Erkenntnisse gar nicht erlangt werden können. Wenn das beobachtete soziale Verhalten dem individuellen Vermehrungsstreben zugeordnet werden kann, ist damit der Fall abgeschlossen. Es wurde das bestätigt, was man ohnehin schon zu wissen glaubte.

Diese Beschränkung verrät Unsicherheit. Immer aufs Neue muss die Zentralthese bewiesen werden. Die Forschung wird einem Glaubenssatz untergeordnet, sie wird geknebelt. Das erinnert an theologische Forschung.

Naturwissenschaftliche Forschung muss die Grundsätze einer Theorie in Frage stellen, sie muss für weitere Erkenntnisse offen sein. Sie muss bei unerklärten Beobachtungen weiter forschen. Ihr Ethos besteht im Zweifeln, nicht im Bestätigen.

Ein sehr markantes Beispiel für die soziobiologische Denkweise findet sich bei dem publizistischen Star der Szene, Richard Dawkins.

Das individuelle Vermehrungsstreben soll so weit gehen, dass auch zwischen den Geschlechtern ein grundsätzlicher Interessenkonflikt besteht. Beide Parteien wollten möglichst viele Nachkommen erzeugen, ohne viel zu arbeiten. Das Ideal der Männer bestehe darin, sich mit möglichst vielen Frauen einzulassen, diese aber dann ihrem eigenen Schicksal anheim zu geben. Sie wissen dann, dass sie viele Nachkommen gezeugt haben und können damit zufrieden sein. Die weibliche Seite habe ein entgegengesetztes Interesse. Sie wolle den Mann einbinden und verlange Hilfe und Unterstützung bei der Aufzucht der Kinder. Folgen wir Richard Dawkins:

> Die Werbungsrituale erfordern häufig eine beträchtliche Investition durch das Männchen, die es vor der Paarung zu leisten hat. Das Weibchen verweigert beispielsweise die Kopulation, bis das Männchen ihm ein Nest gebaut hat, oder das Männchen muss es erst mit recht beachtlichen Futtermengen versorgen. Dies ist natürlich von großem unmittelbarem Vorteil für das Weibchen, aber es lässt darüber hinaus noch an eine andere mögliche Version der Strategie der Häuslichkeit denken: Könnte es sein, dass die Weibchen, bevor sie die Kopulation gestatten, die Männchen zwingen, derart viel in ihre Nachkommen zu investieren, dass es sich für sie nicht mehr lohnt, sich nach der Kopulation aus dem Staub zu machen? [...] Ein Männchen, das darauf wartet, dass sich ein abweisendes Weibchen schließlich mit ihm paart, zahlt einen Preis: Es verzichtet auf die Chance, sich mit anderen Weibchen zu paaren, und es verwendet eine Menge Zeit und Energie darauf, seiner Braut den Hof zu machen. Bis es schließlich mit einem bestimmten Weibchen kopulieren darf, wird es diesem unweigerlich stark »verbunden« sein. Es wird kaum in Versuchung kommen, es zu verlassen, wenn es weiß, dass jedes Weibchen, dem es sich in Zukunft nähern mag, ebenfalls in der gleichen Weise zögern wird, bevor es zur Sache kommt.[2]

Daran anschließend wird nun eine genaue Rechnung darüber aufgemacht, ob es sich für ein Weibchen lohnt, auf dieses lange Vorspiel zu verzichten und sich gleich zu paaren. Es weiß, dass die Männchen dazu neigen, treu zu sein und bei der Aufzucht zu helfen. Das leichtfertige Weibchen bekommt ein treues Männchen und die Aufwendungen, die der Kopulation vorausgehen, sind nicht mehr notwendig. Die Folge wäre aber, dass sich die Zahl der leichtfertigen Weibchen erhöht. Der Vorteil, den diese mit den treuen Männchen haben, wird daraufhin irgendwann verschwinden, denn es ist zu erwarten, dass nun Männchen entstehen, deren Strategie darauf hinausläuft, sich nur noch mit leichtfertigen Weibchen zu paaren. Diese Strategie der untreuen Männchen geht auf, sie zeugen viele Nachkommen, haben aber keine Aufwendungen zu leisten, da die sitzen gelassenen leichtfertigen Weibchen nun ihre Brut selbst großziehen müssen.

Die leichtfertigen Weibchen sind jetzt also benachteiligt, während die zurückhaltenden Weibchen nun wieder etwas an Boden gewinnen. Nähert sich ihnen ein untreues Männchen, so ergibt sich daraus nichts, denn es erwartet ja die Vorleistungen, die die untreuen Männchen nicht zu erbringen bereit sind. Verlierer sind nun die untreuen Männchen, während die zurückhaltenden Weibchen die Gewinnerinnen sind. Also wird das ganze System wieder in den gewohnten Bahnen landen.

Die Soziobiologie will mit diesen Überlegungen nachweisen, dass ein stabiles System besteht. Die Aufwendungen, die von beiden Parteien zu erbringen sind, um eigene Nachkommen zu erzeugen, halten sich auf diese Weise etwa im Gleichgewicht. Die Stabilität – das kann man scheinbar ausrechnen – ist dann gegeben, wenn 5/8 der Männchen treu und 5/6 der Weibchen zurückhaltend sind. Richard Dawkins resümiert wie folgt:

> Die verschiedenen Fortpflanzungssysteme, die wir bei den Tieren finden – Monogamie, Promiskuität, Harems und so weiter –, lassen sich im Sinne eines Interessenkonflikts zwischen dem männlichen und dem weiblichen Geschlecht verstehen. Die Individuen beider Geschlechter »wollen« ihren Fortpflanzungserfolg maximieren. Auf Grund eines fundamentalen Unterschieds zwischen Spermien und Eizellen hinsichtlich deren Größe und Anzahl ist es generell wahrscheinlich, dass das männliche Geschlecht eher zu Promis-

kuität und Vernachlässigung der Vaterpflichten neigt. Dem weiblichen Geschlecht stehen zwei Gegenzüge zur Verfügung, die ich die Strategie des »Supermannes« und die Strategie der »trauten Häuslichkeit« genannt habe.³

Die dargestellte Betrachtungsweise entbehrt nicht einer gewissen Originalität. Sie erscheint mir indes als Reflexion männlicher Macho-Phantasien. Ist es nicht überaus befriedigend, solche ego-pfleglichen Verhaltensmaximen bei unseren arglosen tierischen Mitgeschöpfen zu entdecken? Der Supermann – wer hält sich nicht dafür? – darf immer und die Frauen liegen ihm zu Füßen, die Nicht-Supermänner müssen sich mit einem kleinen Glück am häuslichen Herd begnügen.

Die Männer von Richard Dawkins – soweit sie der Art Homo sapiens angehören – scheinen eine wichtige Überlegung übersehen zu haben: Ist es nicht so, dass genetisch nur die Nachkommen zählen, die ihrerseits die Reproduktionsreife erlangen? Ist es also nicht doch vernünftig, die Vaterpflichten wahrzunehmen, um dieses notwendige Ziel zu erreichen? Die gesellschaftliche Realität zeigt, dass die Dawkin'schen Supermänner sich bei der Menschwerdung genetisch als nur mäßig erfolgreich erwiesen haben; sie sind eine Minderheit geblieben.

In einigen Büchern der Soziobiologie wird folgender Tatbestand diskutiert: Bei den Ameisen gibt es einen Interessenkonflikt zwischen der Königin und ihren Arbeiterinnen. Diese sind mit ihren weiblichen Geschwistern enger verwandt als mit den männlichen; mit den weiblichen zu 75 Prozent, mit den männlichen zu 25 Prozent. Die Königin würde gerne gleich viele reproduktionsfähige männliche und weibliche Individuen erzeugen, denn sie ist mit Söhnen und Töchtern mit 50 Prozent gleich eng verwandt. Die Arbeiterinnen und die Königin – nach soziobiologischer Denkart – vertreten sich widersprechende Interessen. Ob die Königin tatsächlich gleich viele geschlechtsfähige Söhne wie Töchter hervorbringt, ist nicht bekannt. Sie *sollte* es aber, wenn sie sich nach soziobiologischen Grundsätzen richtet.⁴ Dies jedoch sabotieren die Arbeiterinnen, denn ihnen liegen die weiblichen Nachkommen ihrer Königin wegen des engeren Verwandtschaftsverhältnisses näher am Herzen als die männlichen, die sie bei der Brutpflege ein wenig vernachlässigen. Tatsächlich, das haben Forschungen ergeben, verlassen den Ameisenstaat drei Mal so viele weibliche geschlechtsfähige Individuen wie männliche.

Was denken sich die Arbeiterinnen? Was nützen die vielen Weibchen, wenn diese keine männlichen Partner finden? Haben sie das bedacht, oder entscheiden sie kurzsichtig unüberlegt? Sie müssen ihr Verhalten doch danach ausrichten, dass möglichst viele Gene die nächste Generation erreichen![5]

Was geschieht *wirklich*? Der Ameisenstaat entlässt ein solches Verhältnis von weiblichen zu männlichen geschlechtsfähigen Individuen in die Umwelt, dass ein optimales Ergebnis herauskommt, nämlich eine große Zahl von befruchteten Königinnen, die das Brutgeschäft der nächsten Generation erfolgreich beginnen können. Dass das ermittelte Verhältnis von drei weiblichen zu einem männlichen Individuum in der Nähe des reproduktiven Optimums liegt, ist vorstellbar. Alles andere sind Glasperlenspiele.

Anmerkungen

(1) Voland, 2000, S. 1.

(2) Dawkins, 1996, S. 246.

(3) Dawkins, 1996, S. 263.

(4) Die Geschichte von den sabotierenden Arbeiterinnen von Ameisen habe ich sowohl bei Dawkins als auch bei Voland gefunden. Beide argumentieren gleich. Beide geben zu, nicht zu wissen, wie viele geschlechtsfähige Individuen eine Königin produziert. Dawkins schreibt: »Die Königin ›versucht‹, gleichmäßig in männliche und weibliche Nachkommen zu investieren.« (Dawkins, 1996, S. 286) Voland schreibt: »Eine Königin sollte demnach [wegen des gleichen Verwandtschaftsverhältnisses zu Söhnen und Töchtern; Anm. d. Verf.] in beide Geschlechter gleich viel investieren.« (Voland, 2000, S. 75)

(5) Zu den Termiten – mit den Ameisen nicht verwandt – schreibt Eugene Marais: »Alle Bewegungen der Termite werden von einer Instanz

außerhalb ihrer selbst bestimmt. Die einzelne Termite besitzt keine Spur von freiem Willen oder die Möglichkeit einer freien Wahl. Sie hat lediglich die Fähigkeit, sich selbst zu bewegen, aber wann das geschieht und zu welchem Zweck, wird von außen entschieden und kontrolliert. Besondere Umstände mögen die Arbeit einer Termite zur Nutzlosigkeit verurteilen; es gibt auch Fälle, wo jedes andere noch so kleine, aber mit Selbstständigkeit begabte Insekt dem ihm drohenden Schicksal ausweichen würde: Die Termite muss den ihr vorgeschriebenen Weg fortsetzen, dorthin, wo der unsichtbare Gebieter ihres Schicksals sie zu gehen zwingt.« (Marais, 1949, S. 72) Marais ist ein genauer Beobachter. Solche Tiere sollen egoistisch, also im eigenen Interesse handeln können?

Kapitel 23
Analyse und Bewertung soziobiologischer Literatur

In der soziobiologischen Literatur wird von Beobachtungen berichtet, die nicht bezweifelt werden sollen, in jedem Fall sind sie nachprüfbar. Spezifisch soziobiologisch an den Beschreibungen und den konstruierten Fallbeispielen sind:

- *Interpretationen* von biologischen Verhaltensweisen, die bei Tier und Mensch oft dem Augenschein widersprechen und die irgendwie mit Reproduktionsvorteilen zu tun haben sollen;
- *Motivationen*, die den Handelnden unterschoben werden, um zu erklären, warum sie so handeln, wie wir es beobachten, meist um darzulegen, dass die handelnden Individuen dies für ihre Gene tun;
- *Konkurrenzsituationen*, zum Beispiel zwischen Reproduktionspartnern, die allenfalls im menschlichen Bereich nachweisbar sind;
- *Strategien*, die die Individuen von einigen Arten befolgen, um zu den soziobiologisch bereits feststehenden Ergebnissen zu kommen.

Einige elementare Erkenntnisse der Evolution kommen dabei unter die Räder. In der Natur wird ausprobiert. Generation für Generation gehen diejenigen gestärkt einen Schritt weiter, die eine große Zahl von Nachkommen hinterlassen. Dieses Ausprobieren erinnert an die Arbeitsweise eines Schachcomputers. Er testet *alle* möglichen Züge, soweit sein System hierzu in der Lage ist. Das Ergebnis dieses Probierens ist ein Zug, der aus menschlicher Sicht das Prädikat *intelligent* verdient. Keinerlei *Strategie* steht dahinter.

In der Natur ergeben sich für die Ausgestaltung und Verhaltensweise der Organismen der verschiedenen Arten immer Lösungen, die »intelligent«, also hinreichend gut sind, um den Organismus in der vorgefundenen Umwelt existieren und sich fortpflanzen zu lassen.

Es ist legitim, sich mit den Antrieben zu beschäftigen, um hierbei zu neuen Erkenntnissen vorzudringen. Es gibt hierfür aus dem letzten Jahrhundert viele Beispiele. Bei allen Forschern – ich erinnere beispielsweise an Oskar Heinroth, Nikolaas Tinbergen, Karl von Frisch, Konrad Lorenz und Irenäus Eibl-Eibesfeldt – standen die Beobachtungen im Vordergrund, die dann zu übergreifenden Thesen und Schlussfolgerungen führten.

Die nachfolgend aufgeführten soziobiologischen Schriften beginnen indes mit Behauptungen und ungeklärten Voraussetzungen.[1]

Der Urvater W. D. Hamilton behauptet in seinen Schriften, dass soziales Verhalten nach der klassischen Biologie unerklärbar sei, soweit es über elterliche Fürsorge hinausgehe. Ihm nach existiert kein Modell, das die Nachteile erklärt, die sich für den sich sozial Verhaltenden ergeben. Eine kritische Überlegung über den Terminus »Nachteil« *(disadvantage)* wird nicht angestellt. Die soziobiologische Überbewertung der individuellen Fitness ist angelegt und wird nicht in Frage gestellt.

E. O. Wilson schreibt im ersten Kapitel von »Sociobiology« ohne weitere Begründung, dass die primäre Funktion des Organismus nicht in der Erzeugung neuer Organismen bestehe, sondern in der Erzeugung von Genen, denen er als vorübergehendes Vehikel *(carrier)* diene.

Bei Eckart Voland, »Grundriss der Soziobiologie«, steht der mehrfach zitierte Glaubenssatz auf Seite 1:
»Es geht [...] um die Frage, warum sich das Vermehrungsstreben der Individuen (das als gegebene Systemeigenschaft des Lebens aufgefasst wird) gerade in den jeweils vorgefundenen und keinen anderen sozialen Verhaltensäußerungen niederschlägt.«

Bei Richard Dawkins lesen wir bereits auf dem Umschlag seines Buches »Das egoistische Gen«, worum es geht:
»Unsere von Generation zu Generation weitergegebenen Gene formen uns nicht nur, sie steuern und dirigieren uns, um sich selbst

zu erhalten. Alle biologischen Organismen dienen somit vor allem dem Überleben und der Unsterblichkeit der Erbanlagen und sind letztlich nur die ›Einwegbehälter‹ der ›egoistischen‹ Gene.«

Wickler und Seibt schreiben in der Einleitung zu »Das Prinzip Eigennutz«:
»Entscheidung und Strategie ist eine Interpretation des Verhaltens, die auf eine bestimmte Theorie gründet, die wiederum davon ausgeht, dass das Verhalten der Lebewesen einen Einfluss darauf hat, wie stark ihre Gene in der nächsten Generation vertreten sind.«

Kurt Kotrschal, »Im Egoismus vereint«, schreibt ebenfalls in der Einleitung:
»Grundlage [...] ist der für alle Individuen geltende Zwang zum ökonomischen Umgang mit Ressourcen, welcher dem biologischen Imperativ entspringt, die eigene Fortpflanzung zu optimieren. Damit löst zunächst in der Einschätzung auch des menschlichen Wesens das Prinzip Eigennutz den ohnehin Ideal gebliebenen Altruismus, also das Streben nach Gemeinwohl ab.«

In Thomas P. Webers Buch »Soziobiologie« findet sich folgendes Zitat auf Seite 6:
»Individuelle Organismen sind dagegen nur ein zeitweiliger Ausdruck einer Koalition von Genen, die einen Organismus als ›Vehikel‹ zur Durchsetzung ihrer Interessen gegen die Umwelt und andere in Individuen zusammengefasste Genkoalitionen gestalten.«

Allen diesen Aussagen ist gemeinsam, dass sie von Apriori-Erkenntnissen ausgehen, die nicht hinterfragt werden. Was folgt, sind Beschreibungen von Beobachtungen, Gedankenexperimenten und Strategien unter Verwendung von Termini wie *Kostenfunktion, Nettobilanz, Elterninvestment, Reproduktionsaufwand, Ressourcenkonkurrenz, Spieltheorie, Risiko im Rivalenkampf, reziproker Altruismus, männlich/weiblicher Interessenkonflikt* usw., die alle nur die Lücken in den vorausgesetzten Erkenntnissen füllen und diese damit beweisen sollen.

Wenn man die Soziobiologie, wie sie sich in der Literatur darstellt, auf ihren harten Kern kondensiert, ergibt sich folgendes Bild:

Jede Reproduktion gibt Erbinformationen an die nächste Generation weiter. Daraus ergibt sich, dass die Erbinformationsträger, die Gene, die eigentlichen und unsterblichen Begünstigten der Reproduktion sind. Wenn die Phänotypen nicht funktionieren, gehen auch die Gene zugrunde. Also müssen die Gene dafür sorgen, dass die Phänotypen die Kontinuität der Gene ermöglichen. Die begünstigten Gene werden durch diese Argumentationskette zum eigentlichen Motor des biologischen Geschehens.

Nach dem römischen Grundsatz cui bono – wem nützt es – wird geschlossen, dass die Gene schon selbst dafür gesorgt haben dürften, dass sie begünstigt würden. Aus dem biologischen Geschehen wird ein Begünstigter ermittelt und dem wird – wie dem Gnom im Baum – die Verantwortung für das biologische Geschehen angedichtet.

In dem Buch »Der Grundriss der Soziobiologie« von Eckart Voland steht folgender Satz:

Die Soziobiologie ist eine deskriptive und analytische Wissenschaft, die sich um ein Verständnis des Einflusses der Erbfaktoren auf das Sozialverhalten bemüht.[2]

Dieser Satz lässt zwei sich widersprechende Erklärungen zu:

(1) Die Erbfaktoren, also die Gene, beeinflussen *nur* das Sozialverhalten, das insofern eine Sonderstellung unter allen im Genom gespeicherten Erbinformationen einnimmt.
(2) Die Erbfaktoren, also die Gene, beeinflussen das Sozialverhalten, aber auch alle anderen im Genom gespeicherten Informationen, also *alle* Merkmale des Phänotyps.

Die erste Erklärungsalternative muss zurückgewiesen werden. Es gibt keinen Beweis, keinen Anhaltspunkt dafür, dass die auf das soziale Verhalten gerichteten Merkmale sich grundsätzlich von anderen Merkmalen unterscheiden und einem speziellen Einfluss der Erbfaktoren unterliegen.

Wenn die zweite Erklärung richtig ist, dann unterliegen alle Merkmale der Individuen einer Art einer Einflussnahme durch die Erbfaktoren. Dann wären die Erbfaktoren der eigentliche Schöpfer der Arten.

Merkmale entstehen durch die Anpassung an die Umwelt. Wenn sie sich bewähren und reproduktionsfördernd sind, werden sie verbreitet. Das ist eine Grunderkenntnis der Evolution. Die Selektion findet im Bereich der Phänotypen statt. Ausgangspunkt für neue Merkmale sind die Zufälle bei der Verschmelzung der elterlichen Keimzellen. Ist die Soziobiologie tatsächlich der Meinung, der Einfluss der Erbfaktoren realisiere sich, sozusagen als deus ex machina, durch Steuerung des Zufallsprozesses bei der Verschmelzung der Keimzellen? Die Soziobiologie hat sich verheddert. Sie ist inkonsistent: Die Soziobiologie verbreitet einen Mythos; ihr fehlen die Kriterien einer Naturwissenschaft. Sie glaubt beim sozialen Verhalten von Gruppentieren Widersprüche zu Regeln der Biologie entdeckt zu haben, die sie durch zusätzliche, in das etablierte System der Evolution eingreifende Momente korrigieren will. Die klassische Evolution – das Wechselspiel zwischen Merkmalen und die durch diese Merkmale hervorgerufene Optimierung des Reproduktionserfolges – erklärt das soziale Verhalten von Tieren erschöpfend und befriedigend.

Anmerkungen

(1) Die bibliografischen Angaben für alle in diesem Kapitel erwähnten Publikationen finden sich im Literaturverzeichnis.
(2) Voland, 2000, S. 27.

Kapitel 24
Über die soziobiologische Betrachtung des menschlichen Verhaltens

Die Soziobiologie betrachtet sich als ein allgemein gültiges biologisches Prinzip. Nachdem wir Menschen aus der Tierwelt hervorgegangen sind, wären wir diesem Prinzip in gleicher Weise unterworfen wie alle Tiere. Wir wären also eine Art, an der der genetische Egoismus voll in Erscheinung treten müsste.

Edward O. Wilson, der Autor des Standardwerks über Soziobiologie war hier kompromisslos. Er glaubte, es gäbe so etwas wie ein menschliches Biogramm, an dem die soziobiologischen Tendenzen klar in Erscheinung treten. Dieses Biogramm sei von kulturellem Beiwerk nur unvollkommen umhüllt; der wichtigste Antrieb, die eigenen Gene zu verstreuen, so weit es nur geht, komme aber aller Kultur zum Trotz immer wieder an die Oberfläche und zum Durchbruch.

Nun gibt es wissenschaftliche Disziplinen, deren Hauptthemen das menschliche Verhalten sind. Die Soziologie beschäftigt sich eingehend und erfolgreich mit dem menschlichen Sozialverhalten, mit Gesellschaftsformen und den Interaktionen zwischen Mensch und Gesellschaft. Zu nennen sind weiterhin die Psychologie und die Psychoanalyse, die viel zum Verständnis der menschlichen Antriebe beigetragen haben. Diese Disziplinen können mit der Soziobiologie in aller Regel nichts anfangen; die gegenseitigen Kontakte sind eher durch Verständnislosigkeit gekennzeichnet.

Wie immer, wenn biologische Phänomene interpretiert werden, ist ein Blick in die Vergangenheit hilfreich. Vor einigen Millionen Jahren zogen Großfamilien und Clans von Hominiden durch die Savanne Ostafrikas. Es war eine unwirtliche Umwelt, in der die Frauen anfangs noch vermehrt auf den Bäumen lebten, während die Männer in den weiten Flächen Nahrung besorgten. Nur der Zusammenschluss zu Einheiten, die im Laufe der vielen hunderttausend Jahre immer größer wurden, hat ihr Überleben ermöglicht. Der innere Zusammenhalt der »sozialen Gruppe« hat sich evolutionär entwickelt; er war die Voraussetzung dafür, dass die Gruppen überlebten, Nachwuchs hervorbringen und erhalten konnten – unabhängig vom Schicksal einzelner Individuen. Schwer genug war das Leben damals; es galt nicht nur die Fressfeinde in Schach zu halten und die Nahrung für alle zu besorgen, sondern sich auch gegen andere Clans zu behaupten. Unser heutiges Gefühlsleben – unsere Hinwendung zu unseren Freunden und die gemeinsame Abwehr von Feinden – ist damals entstanden.

Ethik kann aus der Natur nicht hergeleitet werden. Aber die grundlegenden Tendenzen, die Polarität zwischen Feind und Freund, kommen aus unserer Vorgeschichte. Dies zu erkennen erweitert unser Verständnis für uns selbst. Nur wenn wir die Vorgeschichte wahrnehmen, können wir rational mit unseren eigenen Antrieben umgehen.

Von Soziobiologen wird immer wieder die Meinung vertreten, dass aus den »Ist«-Zuständen der Natur unmöglich auf das »Soll« menschlicher Ethik geschlossen werden könne. Nachdem die Soziobiologie die biologische Vorgeschichte auf ein egoistisches Fundament gestellt hat, möchte sie nun angesichts unserer gesellschaftlichen Wirklichkeit etwas Abstand gewinnen. Die »Kultur« habe korrigierend eingegriffen und unser Verhalten sei kulturell und natürlich geprägt.

Aber wo käme das »Soll« dann her? Wenn es keine natürliche Quelle hätte, könnte es doch gar nicht entstanden sein. Die Frage, wie denn die Kultur zu den ethischen Prinzipien gekommen sei, die Teil unserer kulturellen Wirklichkeit sind, kann so nicht beantwortet werden. Der schlichte Widerspruch zwischen der menschlichen Wirklichkeit und den egoistischen Prinzipien der Soziobiologie sollte doch Zweifel wachrufen, ob der Egoismus tatsächlich an der Wiege von uns Menschen Pate gestanden hat.

Nach den Erkenntnissen der Soziobiologie müsste man eine erfolgreiche Replikatorin, beispielsweise eine Mutter, die sechs oder mehr Kinder großgezogen hat, als Egoistin wahrnehmen. Wegen der Verbreitung solcher Sicht der Dinge ist die soziobiologische Theorie nicht wirklich heimisch geworden, denn ihre

Vorstellungen laufen der Lebenserfahrung zuwider. Begriffe wie »Egoismus« und »Altruismus« an der Erzeugung von Nachkommenschaft festzumachen oder gar an der Replikation unserer Gene widerspricht unseren kulturellen Wertvorstellungen. In der praktischen Auseinandersetzung mit unserer kulturellen Wirklichkeit entpuppt sich die Soziobiologie als eine Kopfgeburt.

Die Soziobiologie wird allerdings – wenn überhaupt – nicht wegen ihres wackeligen wissenschaftlichen Fundaments in Zweifel gezogen, sondern wegen ihrer Übergriffe in benachbarte Disziplinen, nämlich Soziologie und Philosophie. Die Polarität zwischen eigensüchtigen Interessen einerseits und altruistisch geprägten sozialen Bindungen andererseits ist der zentrale menschliche Konflikt schlechthin, er ist Gegenstand von Religionen und Gesetzbüchern. Nur zu natürlich, dass der postulierte genetische Eigennutz als Grundthese und Erklärung allen biologischen Geschehens auf Widerstand stoßen muss.

Aber in unseren Medien hat die Soziobiologie mit ihren kruden Themen Fuß gefasst. Es geht meist um eines ihrer Lieblingsthemen, die egoistischen Nachwuchsstrategien von Mann und Frau.

Hierzu ein Auszug aus einem Interview mit Herrn Professor Karl Grammer vom Institut für Humanbiologie in Wien. Es erschien in der Wochenendbeilage der SÜDDEUTSCHEN ZEITUNG vom 4./5. Dezember 2004:

PROF. K. GRAMMER: [...] Frauen suchen immer nach dem besseren Mann. Frauen suchen ihre Männer nach dem Status aus.

SÜDDEUTSCHE ZEITUNG: Was ist Status?

PROF. K. GRAMMER: Geld, Ruhm, Ansehen. Vor allem Geld.

SÜDDEUTSCHE ZEITUNG: Wie altmodisch.

PROF. K. GRAMMER: Am Kiosk sehen Sie, wie archaisch die Partnerwahl funktioniert: In Frauenmagazinen geht es nur um Schönheit, in Männermagazinen um schnelle Autos und Geld. So primitiv ist das.

SÜDDEUTSCHE ZEITUNG: Könnte es nicht auch mal so etwas wie Coolness sein? Guter Musikgeschmack – zum Beispiel?

PROF. K. GRAMMER: Nein, nein, es sei denn, der Geschmack lässt einen Rückschluss auf eine bestimmte gesellschaftliche Position zu.

SÜDDEUTSCHE ZEITUNG: Also sucht die Frau immer nach einem Mann mit mehr Geld, und sobald sie so einen sieht, geht sie mit ihm ins Bett.

PROF. K. GRAMMER: Theoretisch: ja. Die Mission der Frau ist es, Männer mit immer höherem Status zu wählen, bis zu dem Punkt, an dem die Männer nicht mehr tolerabel sind.

SÜDDEUTSCHE ZEITUNG: Was für Männer sind das?

PROF. K. GRAMMER: Machos. Aber die Frau braucht ja eine Beziehung, in die sie investieren kann, für ihren Nachwuchs. Und da haben die Frauen eine wirklich lustige Methode entwickelt: Die Männer, die sie heiraten, sind eher die feminisierten Typen. Die Männer, mit denen sie ins Bett gehen dagegen – das sind vor allem die Machos.

SÜDDEUTSCHE ZEITUNG: Der feminisierte Typ ist der Versorger?

PROF. K. GRAMMER: Ja, er versucht seinen Mangel an Attraktivität durch höheres Investment auszugleichen.

SÜDDEUTSCHE ZEITUNG: [...]

PROF. K. GRAMMER: Frauen sind tatsächlich sehr willig zur Zeit ihres Eisprungs. Sie paaren sich häufiger als sonst und zwar oft sogar gleich doppelt.

SÜDDEUTSCHE ZEITUNG: Doppelt??

PROF. K. GRAMMER: Das heißt, dass sie innerhalb kürzester Zeit, also vielleicht innerhalb von 24 Stunden, mit zwei Männern schlafen. Davon ist natürlich nur einer der Partner. Wenn überhaupt.

SÜDDEUTSCHE ZEITUNG: Sehr interessant. Aber wozu soll das gut sein, evolutionsbiologisch?

Prof. K. Grammer: Es sichert das optimale Erbmaterial: Der Bessere wird gewinnen. Sie betreiben Spermienkonkurrenz.

Das Interview beschert uns eine unterwartete Erkenntnis: Frauen schlafen mit mehreren Männern in der Erwartung, dass die Spermien mit den besseren Erbinformationen diejenigen mit den minderen Erbinformationen in die Flucht schlagen.

Kapitel 25

Gewissen und menschliche Gesellschaft – Wo Egoismus und Altruismus wirklich herkommen

Das soziale Verhalten von Tier und Mensch kann man beobachten und beschreiben. Zu fragen ist, wo es herkommt. Ist es ein Produkt der Vernunft oder hat es ein genetisches, aus der Evolution stammendes Fundament?

In diesem Buch vertrete ich die Auffassung, dass das gruppendienliche Verhalten evolutionär entstanden und zur Richtschnur des Verhaltens von Gruppentieren geworden ist. Die rackernden Ameisen, die Wache haltenden Erdmännchen, die jagenden Wildhunde und viele andere Tiere können nicht anders als sich artgerecht, also altruistisch zu verhalten.

Dieses Verhalten ist evolutionär entstanden, es hat sich bewährt. Die Bewährung ist an dem reproduktiven Erfolg zu erkennen.

Bei den Tieren können wir nicht ermitteln, aus welchen Motiven sie handeln, und schon die Fragestellung ist gefährlich, weil sie unterstellt, Tiere könnten über ihr eigenes Handeln reflektieren. Tiere handeln aus dem vererbten Programm heraus und wir können nur hoffen, dass sie sich dabei gut fühlen, wenn sie anderen behilflich sind.

Wir Menschen dagegen können reflektieren, warum wir was tun; wir können uns über unser Handeln und unsere Motive Gedanken machen. Wenn unsere evolutionäre Entwicklung uns zu gruppendienlichem Verhalten geführt hat, dann müssten wir ein entsprechendes Element für gruppendienliches Verhalten in unseren Köpfen vorfinden. Das ist der Fall. Wir nennen dieses Element: *das Gewissen*. Es ist der Anwalt der Gruppe.

Das Gewissen lässt die Individuen dazu tendieren, ihre eigenen subjektiven Interessen zurückzustellen und sich im Sinne einer Gruppe zu verhalten. Das klassische Erlebnis des Gewissens ist der Konflikt zwischen den eigenen Interessen und denen der

Gruppe. Jeder empfindet soziale Pflichten. Wir wissen irgendwoher, dass wir Nahrung mit den Mitmenschen teilen sollen, dass wir Familien- und Gruppenmitglieder nicht schädigen und nicht betrügen dürfen, dass wir uns an gemeinsamen kultischen Veranstaltungen beteiligen sollten, dass es Regeln gibt, die die Erfüllung unserer sexuellen Wünsche begrenzen. Verstöße – auch unvermeidliche – verursachen ein schlechtes Gewissen. Dieses hat auch etwas mit der Angst zu tun, aus der Gruppe ausgeschlossen zu werden. Das schlechte Gewissen macht uns schuldig, es vermittelt das Gefühl, der Gruppe etwas zu schulden, ihr noch einen Dienst erweisen zu müssen. Wir erleben dies als Strafe, die wir bereit sind zu akzeptieren, wenn wir hierfür wieder in den Kreis der Gruppe aufgenommen werden. Schuld und Sühne sind elementare menschliche Lebenserfahrungen und die gewährte Verzeihung als Wiederaufnahme in die Gruppe, in die Gesellschaft, ist ein erstrebenswertes Gut; es befreit uns vom schlechten Gewissen. Die katholische Kirche hat dieses Bedürfnis erkannt und instrumentalisiert – aber das sei nur am Rande bemerkt.

Beide haben einen genetischen Ursprung: sowohl das Handeln im eigenen Interesse als auch das Handeln im Interesse der Gruppe. Von beiden ist bekannt, dass sie sich in der biologischen Vorzeit als reproduktionsfördernd erwiesen haben. Der jüngere Antrieb – derjenige zu gruppendienlichem Verhalten – musste sich aber bei seinem Entstehen gegen den älteren, auf das Individuum gerichteten Antrieb durchsetzen.

Wir Menschen erleben dies als Zwiespalt. Wir müssen gruppendienlich handeln, wollen aber auch den eigenen Vorteil nicht aus dem Auge verlieren. Wir qualifizieren die beiden Tatkomplexe mit zwei Worten, eines mit positiver Färbung »gut«, eines mit negativer Färbung »böse«. Das neu hinzugekommene sittliche Verhalten musste sich erst durchsetzen, es gilt als schwerer zu realisieren, es wird emotional unterstützt und mit dem Wort positiver Färbung gekennzeichnet.

Bemerkenswert ist, dass alle Menschen ein Gewissen haben, ihre Taten aber je nach Kultur unterschiedlich bewerten, und was in einer Kultur als »gut« gilt, kann in einer anderen Kultur etwas »Böses« sein. Die Annahme ist unumgänglich, dass die Kinder zwar mit der Institution Gewissen geboren werden, dieses Gewissen aber zunächst nur ein leeres Gesetzbuch ist. Die Kinder werden dann mit den Wertvorstellungen ihrer Umwelt geprägt, sie saugen sie auf und die gesellschaftliche Umwelt tut das Ihre dazu, Kinder auf das eigene System hin zu erziehen und festzulegen.

Das Gewissen ist der Markstein zwischen den genetisch vererbten und den kulturell tradierten sozialen Verhaltensweisen. Nicht mehr die langsame, viele Generationen dauernde Entwicklung von neuen Verhaltensprogrammen ist notwendig, um auf neue Herausforderungen der Umwelt zu reagieren. Die Umsetzung von Erfahrungen in soziale Verhaltensweisen geschieht nun erheblich schneller.

Wir kommen hier bald in historische Gefilde. Es entstehen unterschiedliche Kulturen und diese Kulturen stehen im Wettbewerb, so wie in der biologischen Vorzeit verschiedene Varianten einer Art sich um die Plätze in einem Habitat stritten.

Es gibt einige Regeln, ohne die eine funktionierende soziale Gruppe nicht bestehen könnte. Das Töten von Clanmitgliedern ist gruppenschädlich, es muss mit starken genetischen Hemmungen belegt sein. Der spontane Drang, ein in Gefahr geratenes Kind zu retten, ist allgemein menschlich. Eine Gruppe, in der Kinder dazu neigen, ihre Eltern umzubringen, geht unter. Aber je mehr die Verhaltensweisen ins Detail gehen, umso mehr sind wir auf soziale kulturelle Regeln, auf Gesetze angewiesen.

Die sich hieraus ableitende Erkenntnis ist, dass die Natur, das auf uns gekommene genetische Programm, uns nicht die Frage abnimmt, was für uns »gut« und was »böse« ist. Unsere Gesellschaft ist komplex; schließlich gehören wir nicht nur einer Gruppe an, sondern vielen, von der Familie angefangen über Vereine, Schulen, Betriebe, Religionen, Länder bis zu den Staaten. Jede Gruppe hat andere Regeln und Konflikte sind unausweichlich.

Im vorliegenden Zusammenhang geht es mir nicht um die Qualität der tradierten Wertesysteme. Es gibt verschiedene. Wichtig ist mir herauszuarbeiten, dass wir zwei genetisch klar unterscheidbare Verhaltenstendenzen in unseren Köpfen vorfinden, die unterschiedlichen Epochen zugeordnet sind und die beide evolutionär entstanden sind. Die ältere Verhaltenstendenz stammt aus der Einsiedlerzeit und kann dem Schlagwort »Egoismus« zugeordnet werden, die jüngere Verhaltenstendenz entstand in der Gruppenepoche und entspricht dem Schlagwort »Altruismus«. Beide sind unser biologisches Erbe und gestalten unser tägliches Leben.

Wir müssen damit fertig werden, dass das, was ich »Tendenzen« genannt habe, in den verschiedenen Kulturen mit unterschiedlichen Inhalten besetzt ist. Auch Egoismus ist nicht gleich Egoismus, er kann geschlechtsorientiert sein, er kann standesorientiert sein und vieles mehr.

Auch Altruismus hat in den verschiedenen Kulturkreisen unterschiedliche Gestalt. Es ist unsere Aufgabe, diese widerstrebenden Tendenzen zu erkennen und das zukünftige Leben unserer Gesellschaften, unseres Planeten zu gestalten, ohne den Individuen und den gewachsenen Kulturen ein ihnen wesensfremdes Verhalten aufzuzwingen.

Die Arten von Egoismus und (scheinbarem) Altruismus, wie sie uns von der Soziobiologie angeboten werden, finden in unserer kulturellen Wirklichkeit nur einen sehr matten Widerhall.

Der soziobiologische Egoismus hat nichts mit unserem gebräuchlichen Verständnis von Egoismus zu tun, der sich vornehmlich an materiellen Gütern orientiert. Andererseits ist der Altruismus abseits von Zeugungsbeziehungen gut etabliert und wird sozial gepflegt. In sehr vielen Kulturkreisen besteht zudem das Problem nicht darin, viele Kinder zu zeugen, sondern viele Kinder zu verhindern. Die mangelnde Übereinstimmung der soziobiologischen Grundpositionen mit der Realität unseres Soziallebens ist ein weiter Hinweis dafür, dass es der Soziobiologie an Bodenhaftung mangelt.

Kapitel 26
Die Bestrafung von Abweichlern

Genau genommen ist dies eine allgemeine menschliche Erfahrung: Wer sich bei einer Warteschlange seitlich eindrängt, um sich einen kleinen Zeitgewinn zu ermogeln, genießt keine Sympathie. Er muss erwarten, beschimpft zu werden. Wer gegen gesellschaftliche Regeln verstößt, muss mit Ermahnungen, mit Bloßstellungen rechnen.
   Oft sind es Einzelpersonen, die sich über das asoziale Verhalten von Schwindlern so erregen, dass sie versuchen, sie wenigstens verbal zur Rechenschaft zu ziehen. Es kann zum ernsthaften Streit mit gegenseitigen Beleidigungen kommen, eventuell auch zu einer Klage. Die sich erregende Einzelperson weiß, dass ihr die Intervention nur Nachteile bringt. Es sind keine rationalen Überlegungen, die sie bewegen. Es ist ein tief sitzendes Gefühl dafür, was sich gehört und was ungehörig ist.

Eine rational denkende Person würde strategisch vorgehen und eine Rechnung aufmachen, welche Vorteile mit welchen Nachteilen verknüpft sind. Die kleine, von dem Schwindler verursachte Zeitverzögerung ist weniger gewichtig als die möglichen Unannehmlichkeiten, die eine Auseinandersetzung nach sich ziehen könnte. Also ist es besser zu schweigen.
   Das Verhalten der aktiven verärgerten Einzelperson ist falsch, wenn sie ihren persönlichen Vorteil im Auge hat. Ihr Verhalten ist aber gruppendienlich. Die in jeder Gruppe vorhandene Tendenz Einzelner, sich auf Kosten der Allgemeinheit kleine Vorteile zu ergattern, wird nur dadurch in Schach gehalten, dass es Mitbürger gibt, die sich verärgert zeigen und sich zum Einschreiten aufgerufen fühlen, wenn sie jemanden bei einer Rücksichtslosigkeit erwischen.
   Diese verärgerten, initiativen Einzelpersonen sind wahre Altruisten. Sie tun etwas im Interesse aller, was ihnen persönlich nur Nachteile bringt. Wenn unsere Gemeinwesen einigermaßen funktionieren, dann ist dies auch eine Folge davon, dass es sehr

viele Altruisten gibt, die mit hinreichend Zivilcourage gesegnet sind, um sich gegen asoziale Mitbürger zur Wehr zu setzen.

Aus soziobiologischer Sicht darf es solche Altruisten nicht geben. Nach dem übermäßig strapazierten soziobiologischen Schema erzeugen Altruisten weniger Kinder als die Egoisten und damit würde der Altruismus immer weiter ausgedünnt.

Einer These von Eckart Voland steht die alltägliche Erfahrung von Altruismen entgegen, die unsere Gemeinwesen am Leben erhalten.

Auf der Bühne des Gebens und Teilens befindet sich kein einziger Akteur, der durch die biologische Evolution zu einem wahrhaftigen genetischen Altruisten geformt worden wäre und aus seiner Veranlagung heraus bereit wäre, Gesamtfitness-Nettoeinbußen auf sich zu nehmen. Man sollte deshalb erwarten, dass, wenn immer sich Chancen eines (möglichst risikoarmen) »Mogelns« ergeben, diese auch tatsächlich zur persönlichen Vorteilnahme ausgenutzt werden.[1]

Die Soziobiologie räumt ein, dass es kulturell entstandene praktische Verhaltensnormen gibt, die keinen biologischen Ursprung haben. Sollte der täglich wahrgenommene Altruismus nur das verinnerlichte Ergebnis utilitaristischer Überlegungen sein?

Eine Zürcher Forschungsgruppe der Eidgenössischen Technischen Hochschule hat ein Spiel ersonnen, bei dem eine Gruppe von Personen in ein gemeinsames Vorhaben investiert, das umso erfolgreicher ist, je größer die investierte Gesamtsumme ist.[2] Die Entscheidung des Einzelnen ist, ob er unsicher investiert oder sein Kapital für eine geringere Rendite zurückhält. Nach dem ersten Schritt erfahren die anonymen Beteiligten, wer wie viel investiert hat, wer kooperativ etwas riskiert hat und wer seine Schäfchen im Trockenen gelassen hat. Nun können die Mitspieler jeder für sich entscheiden, ob sie den unkollegialen Typ bestrafen. Dafür müssen sie selbst Geld einsetzen, wobei die Kosten für den Bestraften höher sind als für den Bestrafenden. Das Spiel wurde mit unterschiedlichen Gruppenteilnehmern oft wieder-

holt und eine große Anzahl von Teilnehmern hat mehrfach von der Institution der kostspieligen Bestrafung Gebrauch gemacht.

Das Spiel wurde mit und ohne die Institution der Bestrafung durchgeführt, wobei sich ergeben hat, dass mit Bestrafung das Ergebnis für die einzelnen Teilnehmer besser ist als ohne sie. Dies könnte auch rational begründet werden: Die Spieler hatten das System irgendwann durchschaut.

Die Zürcher Forscher haben aber noch weitere, sehr interessante Experimente angestellt.[3] Sie untersuchten mit der Positronen-Emissions-Tomographie die Hirnaktivität von Versuchspersonen, deren Vertrauen durch eine andere Person missbraucht worden war und denen nun die Möglichkeit gegeben wurde, diesen Missbrauch zu bestrafen. Die Studie zeigt, dass ein äußerst wichtiges Gebiet des Belohnungszentrums im Gehirn – der nucleus caudate – aktiviert wird, während die Versuchspersonen entscheiden, ob sie die andere Person, die ihnen Übles angetan hat, bestrafen wollen. Die Untersuchungen haben vorher ergeben, dass der Nucleus caudatus auch aktiviert wird, wenn die Versuchspersonen Geld erhalten, schöne Gesichter sehen, Kokain konsumieren oder wenn Verliebte Fotos des Partners sehen.

Das Ergebnis dieser Untersuchungen bestätigt die Vermutung, dass Personen bei Bestrafung von Abweichlern, von Parasiten in den eigenen Reihen, Glücksgefühle erleben. Diese Versuche machen es wenigstens sehr wahrscheinlich, dass es sich um eine genetische Disposition handelt. Das Glücksgefühl wird ja nicht durch materielle Vorteile ausgelöst, sondern ohne unmittelbaren (messbaren) eigenen Vorteil durch die Befriedigung bei der Bestrafung eines Übeltäters.

Es schließt sich die Frage an, wie das Glücksgefühl unter den geschilderten äußeren Bedingungen genetisch fundiert werden konnte. Welche selektiven Vorteile haben bestanden?

Die Antwort liegt auf der Hand. Individuen, die bei der Bestrafung von Abweichlern Glücksgefühle haben, bestrafen gerne, was die potenziellen Abweichler davon abhält, sich irgendwelche Vorteile auf Kosten der Allgemeinheit zu verschaffen. Das Bestrafen ist ein Teil des gruppendienlichen Verhaltens, das als

Verantwortungsgefühl für die Gruppe, die Allgemeinheit, angesehen werden kann. Dieses Verantwortungsgefühl hat sich nicht intellektuell entwickelt, es ist durch fortlaufende Bewährung in vielen tausend Generationen entstanden. Die aus Großfamilien entstandenen Clans in der unwirtlichen Savanne Ostafrikas haben über Millionen von Jahren überlebt, weil sie ein Gefühl für Recht und Ordnung entwickelt haben. Sie waren unsere Vorfahren, ihnen verdanken wir ein hohes Gut: den gemeinnützigen Altruismus.

Anmerkungen

(1) Voland, 2000, S. 112.
(2) Fehr/Gächter, 2002.
(3) Fehr, 2004, 1254–1258.

Kapitel 27
Die Homosexualität und das menschliche Gruppenverhalten

Den Homosexuellen fehlt weitgehend das individuelle Vermehrungsstreben. Nach soziobiologischen Vorstellungen dürfte es Homosexualität nicht geben und deshalb wird sie nicht wahrgenommen. Dabei wäre die Homosexualität ein guter Prüfstein für die Tragfähigkeit soziobiologischer Prinzipien.

Die Homosexualität erscheint rätselhaft. Der Fortpflanzungserfolg von homosexuellen Männern ist zweifelsfrei geringer als der von Heterosexuellen. Die Homosexualität müsste deswegen eigentlich längst aus dem Genpool von uns Menschen verschwunden sein.

Zu bedenken ist, dass sich die Evolution mit ihren Entwicklungen Zeit lässt. Es gibt Merkmale, deren evolutionärer Wert vor vielen Jahrmillionen bestanden hat und die trotzdem immer noch in jedem Individuum gegenwärtig sind. Dies gilt selbst dann, wenn der ursprüngliche Wert des Merkmals inzwischen zu einem Nachteil geworden ist. Wir alle haben noch einen Blinddarm, der vor Urzeiten einmal ein Gärraum zur Verdauung von Zellulose war, die längst nicht mehr auf unserem Speisezettel steht. Heute kann dieser rudimentäre Zipfel zu einer lebensbedrohenden Sepsis führen.

Der Anteil an Homosexuellen unter den Männern scheint, soweit wir dies zurückverfolgen und abschätzen können, konstant. Der hartnäckige Fortbestand dieses Merkmals lässt nur den Schluss zu, dass in der Vorgeschichte von uns Menschen einmal ein sehr starker Selektionsdruck bestanden haben muss, die Homosexualität zu manifestieren. Dies ist unbestreitbar. Aber wie könnte es gewesen sein?

Vor etwa sieben Millionen Jahren, mit der langsamen Umwandlung des ostafrikanischen Regenwaldes in die Savanne, lernten wir Menschen das Laufen, um Nahrung zu finden. Wir nehmen an, dass vermehrt die Männer liefen, während die Frauen mit Schwangerschaften und dem Aufziehen des Nachwuchses beschäftigt waren und sich in Camps im Schutz von Bäumen aufhielten. Vor etwa 3,5 Millionen Jahren waren Männer und Frauen völlig unterschiedlich ausgebildet. Die Männer waren größer und schwerer als die Frauen. Diese hatten aber damals noch längere Arme, wie es für Baumbewohner typisch ist. Zu dieser Zeit entstanden die ersten arbeitsteiligen Großfamilien und Gesellschaften. Damals muss die Homosexualität an Bedeutung gewonnen haben. Die homosexuellen Männer trugen zum Sozialprodukt der Gesellschaft bei, ohne ihre Energie im Konkurrenzkampf mit den heterosexuellen Männern zu vergeuden. Diese inneren Auseinandersetzungen und Reibereien hätten die Funktion der Gesellschaft als Ganzes beeinträchtigt. Die homosexuellen Männer waren sich selbst genug. Der dadurch für die Gruppe entstehende Verlust an Zeugungskraft war zu vernachlässigen, dagegen waren und sind die Ernährung und der Schutz des Nachwuchses aufwändig.

Die männliche Homosexualität stand als eine der wichtigsten Erfindungen der Evolution am Anfang des gesellschaftlichen Lebens von uns Menschen. Sie ist ein starkes Indiz für die Gruppenselektion. Die Gesellschaften mit homosexuellen Männern waren konkurrenzfähiger, leistungsfähiger als andere. Ein größerer Anteil der Arbeitskraft, der bei anderen Gesellschaften durch innere Reibung verlustig ging, konnte für die Aufzucht der Nachkommenschaft eingesetzt werden. Mit großer Wahrscheinlichkeit sind wir alle Nachfahren einer Gesellschaft, die sich wegen des Vorhandenseins von homosexuellen Männern gegen alle anderen Gesellschaften durchgesetzt hat.

Die Homosexualität ist auch ein perfektes Beispiel dafür, dass eine Spielart, die abseits der Hauptlinie liegt und eigentlich lebensuntüchtig ist, sich plötzlich als ein Treffer herausstellt und einen entscheidenden Beitrag zur Entstehung einer neuen Art leistet.

Irgendwann ist die evolutionäre Bedeutung der männlichen Homosexualität für die Gesellschaft in den Hintergrund getreten. Vielleicht mit dem Ackerbau und der Entstehung von Siedlungen, also mit der Entwicklung von Kultur als einer neuen Ebene der Evolution. War es vor 15000 oder 30000 Jahren? In jedem Fall ein Wimpernschlag in der biologischen Geschichte der Menschheit.

Anmerkungen

Aus dem katholischen Katechismus von 1992(!): »Homosexuelle Handlungen verstoßen gegen das natürliche Gesetz, denn die Weitergabe des Lebens bleibt beim Geschlechtsakt ausgeschlossen.« Aus diesem Grund, so der Katechismus, sind Homosexuelle zur Keuschheit aufgerufen und dazu, sich durch die Tugenden der Selbstbeherrschung der christlichen Vollkommenheit anzunähern.

Die Biologie sollte mit guten Argumenten beitragen, die Homosexualität von dem Ruch der »Sünde« bzw. der »Perversion« zu befreien. Meine Überlegungen sind spekulativ. Unbestreitbar erscheint es mir, dass die Homosexualität eine genetische Ursache hat. Auf andere Spekulationen oder Lösungsansätze bin ich gespannt.

Kapitel 28
Die Gruppen als Bausteine der menschlichen Gesellschaft

Unsere Wahrnehmungen der Umwelt, unsere gefühlsmäßigen Reaktionen auf diese Wahrnehmungen, unsere sich daraus ergebenden Handlungstendenzen sind unser biologisches Erbe. Sie sind in den Jahrmillionen unserer Entwicklungsgeschichte entstanden. Sie sind das Erfolgsprogramm, dem wir verdanken, dass die zu uns führenden Ahnenlinien sich durchgesetzt haben, dass wir so sind, wie wir uns wahrnehmen. Dies gilt für alle Menschen.

Auch die Soziobiologen sind – wenn auch mit unterschiedlicher Gewichtung – der Meinung, dass die biologische Vorgeschichte unser heute geübtes Verhalten gestaltet hat. Allerdings glauben die Soziobiologen, dass insbesondere das individuelle Vermehrungsstreben und das Voranbringen der eigenen Gene das wichtigste Erbe der Vorzeit sei.

Unzweifelhaft ist, dass Menschen wie Tiere eine Tendenz zur Paarung haben, sonst wären wir längst ausgestorben. Diese Tendenz bedient sich aber des Sexualtriebs. Die Frage, wie weit es darüber hinausgehend ein Vermehrungsstreben gibt, muss von Kultur zu Kultur unterschiedlich beantwortet werden. Die absolute Sonderstellung des Vermehrungsstrebens, wie es die Soziobiologie fordert, kann ich im menschlichen Bereich so wenig erkennen wie in der Tierwelt.

Zu überlegen ist aber, inwieweit die Gruppenselektion, die uns wenigstens in den letzten zehn Millionen Jahren geformt hat, bei uns heutigen Menschen erkennbar ist.

Die Gruppe ist an die Stelle der älteren als Einsiedler lebenden Tiere getreten. Die Einsiedler haben ihr Territorium verteidigt und waren sich generell ablehnend bis feindlich gesonnen. Diese Konkurrenz bestand auch zwischen benachbarten Gruppen. Territoriale Überschneidungen und Clankriege müssen wir annehmen.

Die Heimstätten der hominiden Gruppen waren sehr verwundbar, da die Männer oft unterwegs auf der Suche nach Nahrung waren. Ob es Frauenraub gab? Wenigstens ist es denkbar. Das soziale Gefüge war geteilt: Liebe, Hilfsbereitschaft und Kooperation nach innen, feindliche Abwehr nach außen; es ist die gleiche Abwehr, die die Einsiedler gegen die gleichartigen Nachbarn geübt haben. Das Schema kennen wir von vielen gegenwärtigen Tierarten, von Bienenstöcken, Ameisen, Wolfsrudeln, Ratten und vielen mehr: Wenn sich ein Fremder in das Territorium oder in den Bienenstock wagt, wird er sofort exekutiert.

Die Abgrenzung nach außen ist auch eine praktische Voraussetzung für die Funktion der Gruppe: Eine gemeinsame Organisation der Beschaffung und Aufbereitung von Nahrung schließt die Mitverpflegung von irgendwelchen Streunern aus.

Ich glaube, dass dieses Schema auch bei uns Menschen erkennbar ist. Wir sind zunächst von Haus aus soziale Wesen: Wir können nur in Gesellschaften leben. Auch die Unterscheidung zwischen den der Gesellschaft Angehörigen und den Fremden ist ausgeprägt; dies gilt für den Familienverband, den Freundeskreis, Vereine, militärische Einheiten, ethnische Gruppen und viele weitere Formen von Gemeinschaften. Bemerkenswert ist die Intensität des Zusammenschlusses von Minderheiten, die sich durch Abgrenzung nach außen gegen die Mehrheit behaupten.

Das Schema – nach innen Freund, nach außen Feind – ist bei allen Kriegen erkennbar. Die Gleichschaltung nach innen wird kulturell durch Uniformen und gleiche Handlungsabläufe überhöht. Feind sind alle anderen. Eine besondere Qualität bekommt das Schema bei Bürgerkriegen, in denen es häufig um nichts Materielles mehr geht, sondern nur um die Wahrnehmung und die Verteidigung der transpersonalen, imaginären Identität.

Der einzelne Mensch steht im Spannungsfeld von zwei Konfliktfeldern:

(1) Die Interessen der Individuen sind nicht die der Gruppe. Letztere umfassen die Beachtung öffentlicher Regeln und

Leistungen wie den Militärdienst, das Zahlen von Steuern, die Hilfe für befreundete und verwandte Personen, Spenden zur Linderung eines allgemeinen Notstandes und vieles mehr. In diesem Konfliktfeld sind Religionen, Moral, Ethik und die Rechtsprechung angesiedelt.

(2) Die Abgrenzung der Interessen der Gruppe gegen die von anderen Gruppen: Dies spielt sich auf allen Ebenen ab, einen Gruppenkonflikt kann es zwischen verschiedenen Schulklassen, Sportvereinen oder Parteien bis hin zu Mafiaclans oder Kriegsgegnern geben.

Es sind die gleichen Konfliktfelder, unter denen sich die Hominiden entwickelt haben. Es sind die originären Konfliktfelder, die ein zufälliges Zusammensein von Individuen zu einer Gruppe machen. Der Schluss liegt nahe, dass wir unsere sozialen Verhaltensweisen und die daraus erwachsenden Konflikte von unseren in Clans lebenden Vorfahren der letzten vier bis sechs Millionen Jahren geerbt haben.

Es gibt aber noch einen weiteren, ebenso gewichtigen Punkt, aus dem wir ersehen können, dass wir Gruppenwesen sind und dass damit biologische Gruppen ein Baustein der Biosphäre sind: Die Individuen von in Gruppen lebenden Arten sind keinem persönlichen Selektionsdruck ausgesetzt, außer dem, sich der Gruppe unterzuordnen, sich gruppendienlich zu verhalten. Die Gruppe ist der Selektion unterworfen und wenn sie leistungsfähig ist, schafft sie Freiraum nach innen, so dass eine Verbreiterung der Glockenkurve, also der vielen möglichen Merkmale entsteht, wodurch sich Begabungen oder besondere Fähigkeiten Einzelner entwickeln können. Nicht jedes Individuum muss ein guter Jäger, Bauer oder Krieger sein. Die Gruppe ist eine Brutstätte für alle Begabungen, die wir heute unter uns Menschen finden. Von Musikern bis zu Ingenieuren, Sprachwissenschaftlern, Malern, Forschern und Religionsstiftern – all diese Begabungen verdanken ihre Entstehung der Abwesenheit von selektivem Druck. Diese Begabungen haben sich dann aber mehr und mehr als gute Investition gezeigt und zu den zivilisatorischen und kulturellen

Leistungen geführt, von denen wir heute sagen, sie seien Merkmal der Art Homo sapiens.

Eine Anhäufung von Individuen, die auf die Vermehrung der eigenen Gene ausgerichtet sind und sorgfältig darauf achten, nur mit Verwandten zu kooperieren, die also wenigstens teilweise die eigenen Gene in sich tragen, hätte nie die Vielfalt der heutigen Lebenswirklichkeit hervorbringen können. Zwischen dem Mythos der Soziobiologie, alle Individuen seien bestrebt sich zu vervielfältigen oder ihre Gene wollten dies, und unserer Wirklichkeit, unserem Leben, besteht eine unüberbrückbare Kluft.

Kapitel 29
Zusammenfassung: Soziobiologische Thesen und Erwiderungen

These:
Alle Tiere haben ein individuelles Vermehrungsstreben.

Erwiderung:
Dieser Satz ist unbeweisbar.
(1) Unterstellte Motivationen sind unbeweisbare Hypothesen.
(2) Aus dem Ergebnis von Handlungen kann nicht geschlossen werden, dieses sei erstrebt worden.
(3) Tiere können nicht »streben«.
(4) Es gibt Tiere, die nicht reproduzieren. Ihnen trotzdem Vermehrungsstreben zu unterstellen ist doppelt fragwürdig.

These:
Die Gene sind egoistisch.

Erwiderung:
Egoistisch sein bedeutet, zwischen Alternativen entscheiden und die vorteilhaftere auswählen zu können. Gene haben keine intellektuellen Fähigkeiten, können Informationen nicht verarbeiten und haben keine Entscheidungsfreiheit.

These:
Egoismus ist die Triebfeder des Sozialverhaltens von Tier und Mensch.

Erwiderung:
Der Begriff »Egoismus« ist nicht geeignet, um tierisches Verhalten zu kennzeichnen; er setzt das Verstehen von Alternativen voraus. Der menschliche Egoismus hat genetische Wurzeln. Es ist wahrscheinlich, dass sich das menschliche Sozialverhalten aus der Gruppenexistenz der Hominiden entwickelt hat, also ebenfalls auf genetische Wurzeln zurückgeht.

These:
Die Evolution stellt sich als genzentriertes Prinzip dar.

Erwiderung:
Eine poetische Assoziation, nichts weiter.

These:
Der mit der Wirkweise der Evolution erklärbare und mit ihr untrennbar verbundene Lebenszweck ist der biogenetische Imperativ der Reproduktion.

Erwiderung:
Es ist unwissenschaftlich, einen Lebenszweck, einen Imperativ zu postulieren. Die Erzeugung von Nachwuchs ist Teil des Lebens, nicht Zweck des Lebens.

These:
Altruistische Verhaltensweisen können nicht entstehen, weil deren Träger wegen der geringeren Fitness weniger Nachkommen produzieren als andere Individuen.

Erwiderung:
Altruistische Individuen müssen nicht Teil der Keimbahn sein. Die Fähigkeit, altruistische Helfer hervorzubringen, erhöht die Fitness der Elterntiere.

These:
Arbeitsteilige Gruppen sind nur deswegen stabil, weil die Begünstigten altruistischer Handlungen immer Verwandte sind.

Erwiderung:
Die Verwandtenselektion ist eine hypothetische Vorstellung. Sie ist durch viele Beispiele widerlegt. Es gibt eine nichtkausale Koinzidenz: Begünstigte von altruistischen Handlungen sind gelegentlich auch Verwandte des Altruisten. Das altruistische Verhalten bei Gruppentieren ist genetisch entstanden und Teil des Erbgutes.

These:
Gruppen mit Altruisten können wegen sich notwendigerweise ausbreitendem Parasitismus nicht langfristig bestehen.

Erwiderung:
Es gibt mehr und weniger selektionsresistente Merkmale. Die Vermutung, dass Merkmale gruppendienlichen Verhaltens weit gehend selektionsresistent sind, wird durch viele Tierarten bestätigt, die stabile Gruppen bilden und bei denen die Gruppenexistenz ein artspezifisches Merkmal ist.

These:
Der bei einigen Tieren geübte Infantizid – und ähnliche Erscheinungen – beweisen das individuelle Vermehrungsstreben.

Erwiderung:
Aus tierischem Verhalten kann grundsätzlich nicht auf die Motivation geschlossen werden, die zu diesem Verhalten geführt hat. Die einzig mögliche Aussage ist, dass das beobachtete Verhalten irgendwann zur Reproduktionssteigerung beigetragen und sich deswegen manifestiert hat. Der Infantizid ist ein artspezifisches Merkmal wie jedes andere. Es handelt sich mit sehr großer Wahrscheinlichkeit um einen Atavismus aus der Entstehungszeit der Art, als sich Varietäten gegeneinander abgegrenzt haben, wobei die Abgrenzung (als sekundäres Merkmal) die Verbreitung von primären Merkmalen beschleunigt hat.

These:
Kein einziger Akteur ist durch biologische Evolution zu einem wahrhaftigen genetischen Altruisten geformt worden.

Erwiderung:
Es ist experimentell nachgewiesen, dass Menschen gegen die Interessen der Gruppe gerichtetes parasitäres Verhalten bestrafen, auch wenn ihnen dies nur Nachteile bringt.

These:
Die Soziobiologie ist eine deskriptive und analytische Wissenschaft, die sich um ein Verständnis des Einflusses der Erbfaktoren auf das Sozialverhalten bemüht.

Erwiderung:
Das Sozialverhalten von Tieren ist das Ergebnis einer selektiven Entwicklung und ist in gleicher Weise entstanden wie alle anderen Merkmale. Es widerspricht dem Lehrgebäude der Biologie anzunehmen, die Erbfaktoren hätten – jenseits der Selektion – irgendeinen speziellen Einfluss auf die Entwicklung von Merkmalen.

Die Soziobiologie postuliert einen Mythos; ihr fehlen die Kriterien einer Naturwissenschaft. Sie glaubt, beim sozialen Verhalten von Gruppentieren Widersprüche zu Regeln der Biologie entdeckt zu haben, die sie durch zusätzliche, in das etablierte System der Evolution eingreifende Momente korrigieren will. Die klassische Evolution, das Wechselspiel zwischen Merkmalen und die durch diese Merkmale hervorgerufene Optimierung des Reproduktionserfolges erklären das soziale Verhalten von Tieren und Mensch erschöpfend und befriedigend.

Glossar

Abgrenzung: Bei der Entstehung von Arten angenommener Vorgang, der die Zahl der Individuen einer Varietät klein hält und somit die Entwicklung von Merkmalen ermöglicht und beschleunigt.

Altruismus: Von der Soziobiologie in die biologische Literatur eingeführter Begriff für die selbstlosen Leistungen, die ein Helfender für die Aufzucht von nicht selbst gezeugtem Nachwuchs erbringt.

Angepasstheit: Resultat der Anpassung.

Anpassung: Prozess der evolutionären Veränderung an körperlichen Eigenschaften und Verhalten als Antwort auf veränderte Umweltgegebenheiten.

Art: Grundlegende Einheit der zoologischen Klassifizierung; nach allgemeinem Verständnis paaren sich in der Natur (fast) nur artgleiche Individuen.

Biologie: Wissenschaft und Lehre vom Leben.

Chromosomen: Bestandteile des Zellkerns, auf denen die Erbanlagen (Gene) lokalisiert sind.

Darwinfitness: Entspricht nach soziobiologischer Sprachregelung dem Begriff »Fitness«, jedoch ohne die Erweiterung um die Verwandtenunterstützung; dient der begrifflichen Abgrenzung gegen die »Inklusive Fitness«.

Diversität: Vielfalt der Erscheinungsformen, meistens innerhalb einer Art.

Egoismus: Von der Soziobiologie in die biologische Literatur eingeführter Begriff für das normale Verhalten von Individuen, die (nur) an der eigenen Reproduktion interessiert sind und sich in diesem Interesse z. T. nicht nur gegen artgleiche Individuen, sondern auch gegen Zeugungspartner abgrenzen.

Einheit der Selektion: Die Einheit, die sich in der Umwelt bewähren muss und die bei Nichtbewährung verschwindet. Es werden unterschieden: die »Individualselektion«, die »Gruppenselektion« und die »Verwandtenselektion«.

Erbinformation: Gesamtheit der Information zur Hervorbringung und Erhaltung von Individuen einer Art.

Erkenntnistheorie:	Disziplin der Philosophie; beschäftigt sich in Anwendung auf die Naturwissenschaft mit der Bewertung von Theorien und bemüht sich, Kriterien zu schaffen, um fundierte, wahre Aussagen von Glaubenssätzen zu unterscheiden.
Ethologie:	Vergleichende Verhaltensforschung. Untersuchung von tierischem und menschlichem Verhalten; wird auch Verhaltensbiologie genannt.
Evolution:	Prozess der Entwicklung und Wandlung von Arten im Lauf der Erdgeschichte.
Evolutionsbiologie:	Entwicklungsgeschichte der Lebewesen. Naturwissenschaftliche Erklärung und Erforschung der Entstehung und Veränderung der Lebewesen im Lauf der Erdgeschichte.
Fitness:	Maß für die Bewährung von Individuen, gemessen am relativen Anteil der erzeugten reproduktionsfähigen Individuen der nächsten Generation.
Fitnessmaximierung:	Verbesserung der individuellen Reproduktionsleistung. Nach soziobiologischer Vorstellung streben danach alle Individuen.
Gen:	Genetische Erbeinheit, besitzt die Teilinformation zur Ausbildung eines spezifischen Merkmals.
Genom:	Gesamtheit aller Gene eines Organismus
Gesamtfitness:	Gleich bedeutend mit »Inklusiver Fitness«.
Gruppe:	Genetisch vorgegebener Zusammenschluss von artgleichen Tieren mit einigen der folgenden Merkmale: Minimierung von Risiko, Verteidigung von Territorien, gemeinsame Fremdenabwehr, Kooperation bei der Aufzucht der Nachkommen.
Gruppenselektion:	Von Wynne-Edwards eingeführter Begriff; der Ausdruck steht im Gegensatz zu der Individualselektion. Er besagt, dass die Gruppe »Einheit der Selektion« ist, das heißt, sich in der Umwelt bewähren muss. Die Gruppenexistenz hat Vorrang vor den Individuen. Die Soziobiologie bestreitet die Gruppenselektion, weil sie mit der »Individualselektion« nicht übereinstimmen soll.
Gruppentiere:	Tiere, bei denen die Existenz in Gruppen ein artspezifisches Merkmal ist.
Habitat:	Abgeschlossener Lebensraum für eine Art, ähnlich gebraucht wie Biotop.

Hypothese:	Widerspruchsfreie Aussage, deren Geltung nur vermutet ist. Vorstufe einer Theorie.
Individualselektion:	Alle Individuen sind unabhängig von ihrer Gruppenzugehörigkeit »Einheit der Selektion«, das heißt, sie müssen für sich, als Individuen, möglichst viele Nachkommen erzeugen, also sich selektiv bewähren.
Individuum:	Tierisches oder pflanzliches Einzelwesen; häufig auch als Organismus bezeichnet.
Infantizid:	Die bei einigen Tierarten geübte Tötung von nicht selbst gezeugten Kindern.
Inklusive Fitness:	Entspricht nach soziobiologischer Sprachregelung dem Begriff »Fitness«, erweitert um die Verwandtenunterstützung.
Intelligenter Plan:	engl. *intelligent design,* vor der Realisierung bestehender Plan, nach dem die Welt und insbesondere die Lebewesen geschaffen sein sollen. Form des Kreationismus.
Keimbahn:	Kontinuität der Weitergabe der Erbinformationen über die Generationengrenze hinweg.
Kinselection:	Englisch für »Verwandtenselektion«.
Kreationismus:	Lehre, wonach die Welt einschließlich der Natur durch einen Schöpfungsvorgang eines höheren Wesens erschaffen wurde.
Organismus:	Oberbegriff für Pflanzen und Tiere, aber auch für Symbiosen und Gruppen von Individuen, soweit sie kooperieren.
Paläontologie:	Wissenschaft von den ausgestorbenen Lebewesen und ihrer Entwicklung im Lauf der Erdgeschichte.
Phänotyp:	(Typisches) äußeres Erscheinungsbild eines Organismus.
Selektion:	Ursprünglich: natürliche Zuchtwahl. Den Begriff »Selektion« hat Darwin in die Biologie eingeführt; er beschreibt damit das, was der Züchter macht. Davon abgeleitet beschreibt er mit diesem Wort den Prozess des Aussiebens von Organismen in der Natur. Die angepassten Organismen bleiben erhalten und pflanzen sich fort.
Sexuelle Selektion:	Ein Partner sucht sich den anderen Geschlechts-

	partner nach genetisch vorgegebenen Merkmalen aus (Gestalt, Farbgebung, Werbeveranstaltung, Futterangebot etc.).
Soziobiologie:	Disziplin, die sich selbst definiert als die systematische Erforschung der biologischen Grundlage jeglicher Form von Sozialverhalten bei allen Arten von sozialen Organismen einschließlich des Menschen.
Spermakonkurrenz:	Geschlechtlicher Wettbewerb der Spermien verschiedener Individuen in der Phase zwischen Samenabgabe und tatsächlicher Befruchtung durch einen der Samenspender.
Theorie:	Bezeichnung für ein System von wissenschaftlichen Aussagen über eine gesetzmäßige Ordnung. Der Ausdruck wurde früher mehr hypothetisch verstanden, seit der Etablierung von fraglichen Aussagen nun auch für gesicherte Erkenntnisse, wie im Falle der Relativitätstheorie und Evolutionstheorie.
Tit for tat:	Englisch für: *Wie du mir, so ich dir.* Von der Soziobiologie vermutetes Übereinkommen zwischen Geber und Empfänger von Wohltaten, wenn beide nicht miteinander verwandt sind.
Varietät:	Kategorie unterhalb der Art. Bei der Entstehung von Arten haben viele Varietäten in einem Habitat nach gleichen ökologischen Arbeitsweisen existiert, waren also direkte Konkurrenten. Eine Varietät hat sich zur Art entwickelt, die anderen sind verschwunden.
Verwandtenselektion:	Annahme der Soziobiologie, dass (gruppenartige) Zusammenschlüsse von ausschließlich verwandten Individuen Einheit der Selektion sind.

Vom Autor ist im gleichen Verlag erschienen: »Die Entstehung der Gesellschaft – Naturgeschichte des menschlichen Sozialverhaltens« (München, 2001). Dort sind – in anderem Zusammenhang – die Gegenstände der Kapitel 13, 14, 17, 18, 19 und 24 in weiteren Einzelheiten behandelt.

Literatur

ADLER, ALFRED: *Das Problem der Homosexualität und sexueller Perversionen.* Frankfurt am Main, 1977.
ALCOCK, JOHN: *Das Verhalten der Tiere aus evolutionsbiologischer Sicht.* Stuttgart/Jena/New York, 1996.
APFELBACH, RAIMUND; DÖHL, JÜRGEN: *Verhaltensforschung.* Stuttgart/New York, 1980.
BELLEBAUM, ALFRED: *Soziologische Grundbegriffe.* Stuttgart/Berlin/Köln/Mainz, 1980.
BETHEL, TOM: »Against Sociobiology«. http://print.firstthings.com/ftissues/ft0101/articles/bethell.html
BISCHOF, NORBERT: *Gescheiter als all die Laffen.* Hamburg/Zürich, 1991.
BRAITENBERG, VALENTIN; HOSP, INGA (HRSG.): *Evolution, Entwicklung und Organisation in der Natur.* Hamburg, 1994.
BYRON, MICHAEL: »Evolutionary Ethics and Biologically supportable Morality«. http://www.bu.edu/wcp/Papers/TEth/TEthByro.htm
CAMPBELL/REECE: *Biologie.* Heidelberg/Berlin, 2003.
CLUTTON-BROCK, TIM: »Voll in Pose«. In: *National Geographic,* Februar 2005.
DARWIN, CHARLES: *On the Origin of Species by Means of Natural Selection or the Preservation of Favoured Races in the Struggle for Life.* London, 1859.
DERS.: *Die Entstehung der Arten.* Stuttgart, 1995.
DERS.: *The Descent of Man and Selection in Relation to Sex.* London, 1871.
DERS.: *Die Abstammung der Menschen.* Stuttgart, 1966.
DERS.: *The Expression of the Emotions in Man and Animals.* London, 1872.
DAWKINS, RICHARD: *Das egoistische Gen.* Reinbek b. Hamburg, 1996.
DRÖSCHER, VITUS B: *Sie töten und sie lieben sich.* Hamburg, 1974.
DUPRÉ, JOHN: *Darwins Vermächtnis.* Frankfurt a. Main, 2005.
EIBL-EIBESFELDT, IRENÄUS: *Liebe und Hass.* München, 1970.
DERS.: *Galapagos.* München, 1973.
DERS.: *Der Mensch – Das riskierte Wesen.* München, 1988.
DERS.: *Die Biologie des menschlichen Verhaltens.* München, 1997.
DERS.: *Grundriss der vergleichenden Verhaltensforschung.* München/Zürich, 1999.

EIGEN, MANFRED; WINKLER, RUTHILD: *Das Spiel – Naturgesetze steuern den Zufall.* München/Zürich, 1983.
FEHR, ERNST; GÄCHTER, SIMON: »Altruistic Punishment in Humans«. In: *Nature*, Vol. 415 (January 2002), S. 137–140.
DIES.: »The Neural Basis of Altruistic Punishment«. In: *Science.* 305 (August 2004), 1246.
FELLENDORF, MARTIN: »Arme Chefs«. In: *Spektrum der Wissenschaft.* März 2005.
FREUD, SIGMUND: *Abriss der Psychoanalyse: Das Unbehagen in der Kultur.* Frankfurt a. Main, 1972.
GOETHE, JOHANN WOLFGANG VON: Artemis-Gedenkausgabe der Werke, Zürich/Stuttgart, 1958.
GOODALL, JANE: *Ein Herz für Schimpansen.* Reinbek b. Hamburg, 1991.
DIES.: *Wilde Schimpansen.* Reinbek b. Hamburg, 1991.
GOULD, STEPHEN JAY: *Zufall Mensch.* München, 1991.
HAMILTON, W. D.: »The Genetical Evolution of Social Behaviour I.«. In: *Journal of Theoretical Biology.* No. 7, 1964, 1–16.
HAMILTON, D. W.: »The Genetical Evolution of Social Behaviour II.«. In: *Journal of Theoretical Biology,* No. 7, 1964, 17–52.
HEMMINGER, HANSJÖRG: »Soziobiologie des Menschen – Wissenschaft oder Ideologie?«. In: *Spektrum der Wissenschaft,* Juni 1994.
HENKE, WINFRIED; ROTHE, HARTMUT: *Paläoanthropologie.* Berlin/Heidelberg/New York, 1994.
HERTWIG, OSCAR: *Zur Abwehr des ethischen, des sozialen, des politischen Darwinismus.* Jena, 1921.
KAESTNER, ALFRED; STARCK, DIETRICH (HRSG.): *Lehrbuch der speziellen Zoologie.* Jena/Stuttgart/New York, 1995.
KOTRSCHAL, KURT: *Im Egoismus vereint?* München, 1995.
LEAKEY, RICHARD; LEWIN, ROGER: *Der Ursprung des Menschen.* Frankfurt a. Main, 1992.
LORENZ, KONRAD: *Das so genannte Böse.* Wien, 1963.
DERS.: *Über tierisches und menschliches Verhalten.* Gesammelte Abhandlungen, Band I und II, München, 1965.
DERS.: Leyhausen, Paul: *Antriebe tierischen und menschlichen Verhaltens.* München, 1968.
DERS.: *Vom Weltbild des Verhaltensforschers.* München, 1968.
DERS.: *Die Rückseite des Spiegels.* München, 1973.
DERS.: *Vergleichende Verhaltensforschung.* Wien, 1978.
DERS.: *Die acht Todsünden der zivilisierten Menschheit.* München, 1973.
DERS.: *Der Abbau des Menschlichen.* München, 1983.

MARKL, HUBERT: »Evolution des Bewusstseins«. In: *Jahrbuch der Heidelberger Akademie der Wissenschaften für 1994*. Heidelberg, 1995, 51–69.

MARAIS, EUGENE N.: *Die Seele der weißen Ameise*. Berlin, 1949.

DERS.: *Die Seele des Affen*. 1969.

MAYR, ERNST: *Das ist Biologie*. Heidelberg/Berlin, 1998.

MORSBACH, PAUL: *Die Entstehung der Gesellschaft*. München, 2001.

MCFARLAND, DAVID: *Biologie des Verhaltens*. Weinheim, 1989.

POPPER, KARL R.: *Objektive Erkenntnis*. Hamburg, 1993.

PORTMANN, ADOLF: *Das Tier als soziales Wesen*. Zürich, 1953.

REICHHOLF, JOSEF H.: *Leben und Überleben*. München, 1988.

DERS.: *Das Rätsel Menschwerdung*. München, 1990.

DERS.: *Der schöpferische Impuls*. Stuttgart, 1992.

DERS.: *Erfolgsprinzip Fortbewegung*. München, 1992.

DERS.: »Begegnung und Konflikt – eine kulturanthropologische Bestandsaufnahme«. In: *Bayerische Akademie der Wissenschaften: Abhandlungen*. Neue Folge, Heft 120. München, 2001.

RIEDL, RUPERT: *Die Ordnung des Lebendigen*. Hamburg/Berlin, 1975.

SITTE, PETER, HRSG.: *Jahrhundertwissenschaft Biologie*. München, 1999.

DER SPIEGEL. 25/2000, S. 214. (»Meuterer gegen die Königin«)

DER SPIEGEL. 17/2002, S. 204. (»Supermacht im Untergrund«)

STENT, GUNTHER S.: *Paradoxes of Free Will*. Washington D. C., 2003.

VOLAND, ECKART: *Grundriss der Soziobiologie*. Berlin, 2000.

WEBER, THOMAS W.: *Soziobiologie*. Frankfurt, 2003.

WEINER, JONATHAN: *Der Schnabel des Finken*. München, 1994.

WICKLER, WOLFGANG; SEIBT, UTA: *Das Prinzip Eigennutz*. München, 1991.

DIES.: *Die Biologie der Zehn Gebote*. München, 1991

WILKINSON, GERALD S.: »Blutspenden bei Vampiren«. In: *Spektrum der Wissenschaft*, 4/1990.

WILSON, EDWARD O.: *Sociobiology – The New Synthesis*. Cambridge, MA, USA, 1976.

WYNNE-EDWARDS, V. C.: *Animal Dispersion in Relation to Social Behaviour*. Edinburgh/London, 1962.

WUKETITS, FRANZ M.: *Evolutionstheorien*. Darmstadt, 1988.

DERS.: *Konrad Lorenz*. München, 1990.

DERS.: *Die Entdeckung des Verhaltens*. Darmstadt, 1995.

ZIEMEN, ERIK: *Der Hund*. München, 1992.

Index

A
Abgrenzung 95–102, 104, 142, 143, 147, 149
Alphatier 81–85, 88
Altruismus 11, 45–47, 50, 55, 78, 83, 86, 87, 120, 125, 129, 132, 134, 137, 149
Altruist 45, 47, 50, 86, 87, 133, 134, 146, 147
Altruistisches Verhalten 45, 46, 48, 50–52, 54, 59, 60, 69, 129, 146
Ameise 57, 58, 86, 112, 115, 116, 129, 142, 155
Angepasstheit 24, 38, 149
Anpassung 21, 24, 26, 44, 71, 93, 94, 122, 149
Art 10, 15, 17, 19–28, 32, 33, 38, 40, 41, 44, 54, 55, 62–71, 78, 80, 82, 84–86, 88–94, 96–105, 110, 111, 115, 118, 122, 123, 131, 139, 143, 147, 149, 150, 152, 153
Arterhaltung 41, 43, 44, 98, 100
Atavismus 88, 147

B
Baby 71, 73, 74, 76, 77, 83, 90, 91, 99
Begabung 27, 70, 72, 83–85, 143
Beutegreifer 21, 52, 53, 79–81, 90, 96, 105
Bewusstsein 10, 11, 155
Biologie 9, 24, 27, 28, 31, 33, 38, 40, 44, 45, 48, 60, 104, 119, 122, 140, 148, 149, 151, 153, 155
Bischof, Norbert 51, 62, 68, 152

C
Chaos 40, 41, 43
Chromosomen 15, 149
Clan 53, 78, 80, 123, 124, 137, 143

D
Darwin, Charles 12, 14, 20–22, 24–28, 33, 34, 37, 39–41, 44, 45, 62, 68, 82, 89, 92, 101, 151, 153, 154
Darwinfitness 149
Dawkins, Richard 9–11, 14, 17, 32, 33, 35, 112–116, 119, 153
Diagramm 73–75, 77, 83, 86
Diversität 86, 88, 149
Dohlen 52, 53, 62, 103

E
Egoismus 9–11, 16, 45, 107, 120, 123–125, 129, 132, 145, 149, 154
Egoistisches Gen 9, 11, 12, 14–17, 19, 23, 35, 47, 50, 98, 119, 120, 145, 153
Ei 15–17, 31, 42, 48
Eibl-Eibesfeldt, Irenäus 68, 72, 101, 119, 153
Eigennutz 11, 46, 98, 120, 125, 155
Einheit der Selektion 41, 67, 149–152
Einzelgänger 66, 78, 80
Epochen 105, 106, 110, 132
Erbanlagen 9, 17, 120, 149
Erbgut 15, 42, 46, 47, 52, 53, 57, 58, 64, 85, 100, 146
Erbinformation 15, 121, 128, 149, 151
Erdmännchen 55, 57, 60, 72, 103, 129
Erkenntnistheorie 28, 35, 150
Ethik 124, 143
Ethologie 150
Evolution 9, 12, 19, 20, 24, 26, 33–36, 38, 41, 44, 47, 50, 58, 63, 84–86, 89, 91, 92, 98, 102–105, 109, 118, 122, 129, 134, 138–140, 146–148, 150, 153–155

Evolutionsbiologie 9, 39, 51, 150
Evolutionstheorie 14, 28, 33, 152, 155
Existenzwillen 10

F
Fehr, Ernst 137, 154
Fitness 38, 48, 78, 87, 91, 119, 146, 149
Fitnessmaximierung 38, 150
Fortpflanzung 11, 15, 37, 45, 46, 71, 94, 120
Fressfeind 26, 67, 90, 93, 124

G
Gehilfen 44–46, 55, 81, 83–88
Gelege 42, 54
Gemeinwohl 11, 120
Gen 9–12, 14–17, 19, 32, 33, 48, 50, 57, 63, 69, 85, 110, 116, 118–121, 123, 125, 141, 144, 145, 150
Generalist 70
Generation 9, 17, 20, 25–27, 34, 38, 42, 46, 47, 53, 62, 63, 72, 81, 89, 91, 95–97, 110, 116, 118–121, 131, 137, 150
Genetik 46, 69
Genom 64, 69, 70, 121, 150
Gesamtfitness 48, 134, 150
Gesellschaft 78, 80, 83, 84, 88, 123, 129–132, 139, 141, 142, 152, 155
Gewissen 129–131
Giraffe 96, 101
Glockenkurve 73, 74, 76, 83–85, 143
Gnom im Baum 29–34, 43, 50, 121
Goodall, Jane 88, 154
Gruppe 41, 44, 46, 52, 53, 55, 57, 59, 62, 63, 67, 69–73, 78, 79, 81, 82, 84, 87, 88, 94, 95, 98, 99, 102, 103, 106, 124, 129–131, 133, 134, 137, 139, 141–143, 146, 147, 150, 151
Gruppen, stabile 57, 59, 78, 84, 88, 146, 147
Gruppenselektion 41, 43, 44, 48, 51, 59, 62, 69, 87, 98, 103, 139, 141, 149, 150
Gruppenverhalten 63, 103, 138

H
Habitat 21, 24, 40–42, 78, 93, 96, 131, 150, 152
Hamilton, D. W. 40, 45–48, 51, 119, 154
Helfer 44, 45, 47, 54, 84, 146
Helfer am Nest 54
Hirsche 66, 97
Hominiden 110, 123, 142, 143, 145
Homosexualität 13, 138–140, 153
Horde 78
Hund, Hundeartige 22, 23, 66–68, 71, 79, 81, 84, 87, 97, 103, 155
Hypothese 12, 28–34, 36, 50, 145, 151

I
Igel 42, 66
Imperativ 11, 38, 39, 120, 146
Individualselektion 41, 48, 102, 149–151
Individuum 15–17, 24, 32, 34, 38, 44–46, 48, 59, 62, 66, 70, 83, 87, 94, 95, 116, 130, 138, 143, 151
Infantizid 67, 88, 89, 94, 98, 147, 151
Information 15, 16, 19, 48, 69, 76, 121, 145, 149
Informationsträger 9, 10, 16
Inclusive fitness 48, 150, 151
Insekten 23, 44, 86, 87, 98, 103, 106, 117
Insektenstaaten 78
Instinkt 53, 55
Intelligenter Plan 12, 28, 34, 151
Intelligenz 31, 74
Irrlehre 10

K
Kampf ums Dasein 20–23, 26, 39, 62, 68
Keimbahn 86, 87, 146, 151
Keimzellen 15, 32, 122
Kin selection 48, 151
Ko-Evolution 81

Komment-Kampf 68, 101
Konflikte, zwischen Eltern 13, 112
Königin 48, 51, 57, 58, 60, 86, 87, 112, 115, 116, 155
Konzept, biologisches 9
Kotrschal, Kurt 11, 14, 107, 111, 120, 154
Kreationismus 34, 151
Krieg 22, 62, 142
Kultur 50, 110, 123, 124, 130–132, 140, 141, 154

L
Lorenz, Konrad 14, 51, 53, 66–68, 71, 72, 119, 154, 155
Löwen 62, 78, 80, 98

M
Marais, Eugene N. 116, 117, 155
Markl, Hubert 38, 155
Mayr, Ernst 60, 61, 155
Mensch 9, 11–13, 15, 16, 21, 32, 35, 39, 45, 50, 62, 69, 71, 72, 74, 83, 98, 100, 110, 118, 123, 124, 129, 130, 138, 139, 141–143, 145, 147, 148, 152–154
Merkmal 20, 21, 24–27, 32, 34, 37, 45, 46, 62–64, 68–72, 76, 80, 84, 86, 89, 94–100, 102–104, 110, 121, 122, 138, 143, 147–150, 152

Mythos 10, 19, 31, 33, 35, 110, 122, 144, 148

N
Nachkommen 20–23, 25, 26, 34, 38, 41–43, 45, 47, 55, 57, 59, 60, 62, 63, 66, 67, 78, 80, 81, 84, 85, 89, 91, 92, 94, 95, 97, 98, 104, 106, 107, 109, 113–116, 118, 146, 150, 151
Natur 9, 10, 12, 16, 20–25, 28, 32, 36–38, 40, 44, 50, 58, 60, 63, 65, 89, 95, 100, 102, 105, 106, 118, 124, 131, 148, 151, 153
Naturwissenschaft 10, 12, 13, 28, 29, 31, 32, 35, 38, 41, 47, 50, 109, 112, 122, 148, 150

O
Orang-Utan 32
Ordnung 63, 64, 137, 152, 154
Organ, ausgelagertes 85–87
Organismus 9, 15–19, 24, 26, 28, 33, 34, 37, 38, 45, 50, 65, 69, 84, 102, 105, 118–120, 150–152

P
Paläontologie 151
Pflanze 9, 11, 17, 20, 22, 23, 25, 33, 65, 79, 89, 105, 109, 151
Phänotyp 19, 69, 70, 72, 85, 86, 103, 121, 122, 151
Popper, Karl 29–31, 35, 60, 155
Population 19, 26, 62, 68, 69, 90, 96–98
Prinzip, biologisch wirksames 55
Prinzip, genzentriertes 19, 50, 146

R
Ratten 53, 62, 92, 103, 110, 142
Reichholf, Josef H. 13, 82, 155
Reproduktion 37, 39, 50, 68, 78, 84, 87, 102–104, 121, 146, 149
Reproduktionsalter 79
Ressourcen 11, 40, 41, 44, 66, 82, 120
Riedl, Rupert 64, 155

S
Savanne 79, 123, 137, 138
Scheinaltruismus 47
Schema Egoismus/ Altruismus 44–46, 86
Selektion 41, 48, 57, 64, 67, 68, 70, 71, 73, 76, 80, 84, 86, 87, 90, 102, 122, 143, 148–152
Selektion, natürliche 19, 41, 71, 73, 78, 79
Selektion, sexuelle 95–98, 101, 151

Selektionsdruck 70, 74, 76, 83, 138, 143
Selektionsresistenz 63, 147
Sozialverhalten 9, 13, 40, 47, 121, 123, 145, 148, 152
Soziobiologie 9, 10, 12–14, 17, 19, 32, 33, 36, 39, 40, 45, 47, 48, 50, 52, 57, 68, 69, 84, 86, 89, 91, 104, 106, 112, 114, 115, 119–125, 132, 134, 141, 144, 148–150, 152, 154, 155
Soziologie 123, 125
Spekulation 140
Spermakonkurrenz 97, 98, 152
Stoffwechsel 37, 90
Systematik, biologische 102, 104

T

Territorium 42, 66, 81, 95, 141, 142
Theorie 12, 20, 28, 29, 31–35, 61, 112, 120, 124, 150–152
Thesen 9–11, 13, 17, 21, 32, 33, 37, 38, 41, 50, 87, 119, 134, 145–148
Tier 9–12, 17, 20, 22, 24, 25, 32, 33, 37–41, 44, 45, 52, 53, 55, 57–59, 62, 65, 67, 70, 72, 78, 80, 81, 83, 84, 89–93, 97, 100, 103–105, 107, 109, 110, 114, 117, 118, 122, 123, 129, 141, 145, 147, 148, 150, 151, 153, 155
Tit for tat 59, 152

U

Umwelt 17, 19, 20, 23, 24, 26, 27, 34, 37, 41, 42, 44, 45, 71, 74, 79, 80, 89–93, 102, 106, 116, 118, 120, 122, 123, 131, 141, 149, 150

V

Vampire 58–60, 103, 155
Varietät 22, 27, 53, 62, 63, 67, 90–92, 96, 97, 99, 100, 102, 104, 110, 147, 149, 152
Verhalten, gruppendienliches 13, 41, 52, 53, 55–57, 61, 63, 71, 103, 129, 133, 136, 143, 147
Verhalten, menschliches 11, 13, 123, 138, 145, 150, 152–154
Verhalten, soziales 9, 13, 69, 103, 112, 119, 122, 129, 131, 148
Verhaltensweisen 93, 97, 99, 100, 102, 118, 119, 131, 143
Vermehrungsstreben 13, 24, 36–39, 57, 60, 87, 89, 100, 104, 106, 107, 112, 119, 138, 141, 145, 147
Verwandtenselektion 48, 52, 54, 55, 57, 59–61, 63, 102–104, 146, 149, 151, 152
Voland, Eckart 18, 36, 39, 54, 72, 86–88, 98, 101, 116, 119, 121, 122, 134, 137, 155

W

Wahrheit 12, 28, 29–31, 35
Warnrufe 54
Weidetiere 23, 66, 70, 79–81
Wesen, organische 24, 25
Wickler, Wolfgang 19, 46, 59, 60, 68, 111, 120, 155
Wildhund 44, 58, 80, 81, 83, 84, 86, 129
Wilson, Edward O. 78, 119, 123, 155
Wirklichkeit, biologische 10
Wissenschaft 12, 36, 60, 121, 148, 154, 155
Wissenschaftler 10, 33, 35, 60, 61
Wolfsrudel 142
Wynne-Edwards V.C. 40, 41, 43, 44, 46, 47, 87, 88, 150, 155

Z

Zellen 9, 15, 19, 105
Zellkern 15, 72, 149
Ziemen, Erik 68, 87, 88, 155
Zuchtwahl 20, 21, 151